"十三五"高职高专院校规划教材

Shipin Biaozhun yu Fagui

食品标准与法规

（第二版）

杜宗绪　郭淼　主编

中国质检出版社
中国标准出版社
北　京

图书在版编目（CIP）数据

食品标准与法规/杜宗绪,郭淼主编. —2 版. —北京：中国标准出版社,
2017.4（2023.7 重印）
"十三五"高职高专院校规划教材
ISBN 978 – 7 – 5066 – 8576 – 4

Ⅰ.①食… Ⅱ.①杜… ②郭… Ⅲ.①食品标准—中国—高等学校—教材
②食品卫生法—中国—高等学校—教材 Ⅳ.①TS207.2 ②D922.16

中国版本图书馆 CIP 数据核字（2017）第 050094 号

内 容 提 要

本书全面、系统地对最新的国内外食品标准与法规的相关内容、要求进行了阐述。主要内容包括食品标准基础知识、中国食品标准体系、中国食品法律法规体系、国际食品标准与法规、食品许可管理与市场准入制度、食品认证管理、食品标准与法规文献检索等。

本书内容新颖，实用性强，可作为高等职业院校食品质量与安全、食品科学与工程、农产品质量检测等食品类专业的教材，也可作为食品质量管理部门、食品检验机构、食品企业及有关食品质量与安全管理人员的参考用书。

中国质检出版社
中国标准出版社 出版发行

北京市朝阳区和平里西街甲 2 号 （100029）
北京市西城区三里河北街 16 号 （100045）
网址：www. spc. net. cn
总编室：(010) 68533533 发行中心：(010) 51780238
读者服务部：(010) 68523946
中国标准出版社秦皇岛印刷厂印刷
各地新华书店经销

*

开本 787×1092 1/16 印张 10.75 字数 268 千字
2017 年 4 月第二版 2023 年 7 月第十一次印刷

*

定价：28.00 元

审 定 委 员 会

主 任：**朱念琳** (全国食品工业职业教育教学指导委员会 主任委员、教授)

委 员：(按姓氏笔画排序)

    王飞生 (清远职业技术学院 教授)

    王洪新 (江南大学 教授)

    吉鹤立 (上海市食品添加剂和配料行业协会 执行会长、教授)

    任静波 (黑龙江民族职业学院 教授)

    杨玉红 (鹤壁职业技术学院 教授)

    杨清香 (新疆轻工职业学院食品与生物技术学院 院长、教授)

    李正英 (内蒙古农业大学 教授)

    肖海龙 (杭州市食品药品检验研究所生测中心 主任、教授级高工)

    何江红 (四川旅游学院 教授)

    张邦建 (包头轻工职业技术学院食品与药品工程学院 院长、教授)

    林玉桓 (无锡商业职业技术学院 教授)

    周胜银 (湖北省产品质量监督检验研究院 副院长、教授级高工)

    赵象忠 (甘肃畜牧工程职业技术学院 教授)

    钟志惠 (四川旅游学院 教授)

    姜旭德 (黑龙江民族职业学院 教授)

    钱志伟 (河南农业职业学院食品工程学院 院长、教授)

    彭亚锋 (上海市质量监督检验技术研究院 教授)

本 书 编 委 会

主　编　杜宗绪（潍坊职业学院）

　　　　郭　淼（南阳农业职业学院）

副主编　孙显慧（潍坊职业学院）

　　　　韦　璐（广西农业职业技术学院）

　　　　杨俊峰（内蒙古农业大学职业技术学院）

参　编　杨玉红（鹤壁职业技术学院）

　　　　吴巨贤（广东科贸职业学院）

　　　　洪　卉（烟台工程职业技术学院）

　　　　程　毛（烟台工程职业技术学院）

　　　　王小龙（甘肃畜牧工程职业技术学院）

　　　　崔丽伟（河南牧业经济学院）

　　　　周志强（河南农业职业学院）

　　　　马　昕（青海高等职业技术学院）

　　　　陈　琴（安徽粮食工程职业学院）

审　稿　李英强（潍坊出入境检验检疫局）

　　　　彭亚峰（上海市质量监督检验技术研究院）

序 言

民以食为天，食以安为先，人们对食品安全的关注度日益增强，食品行业已成为支撑国民经济的重要产业和社会的敏感领域。近年来，食品安全问题层出不穷，对整个社会的发展造成了一定的不利影响。为了保障食品安全，促进食品产业的有序发展，近期国家对食品安全的监管和整治力度不断加强。经过各相关主管部门的不懈努力，我国已基本形成并明确了卫生与农业部门实施食品卫生监测与食品原材料监管、检验检疫部门承担进出口食品监管、食品药品监管部门从事食品生产及流通环节监管的制度完善的食品安全监管体系。

在整个食品行业快速发展的同时，行业自身的结构性调整也在不断深化，这种调整使其对本行业的技术水平、知识结构和人才特点提出了更高的要求，而与此相关的职业教育正是在食品科学与工程各项理论的实际应用层面培养专业人才的重要渠道，因此，近年来教育部对食品类各专业的职业教育发展日益重视，并连年加大投入以提高教育质量，以期向社会提供更加适应经济发展的应用型技术人才。为此，教育部对高职高专院校食品类各专业的具体设置和教材目录也多次进行了相应的调整，使高职高专教育逐步从普通本科的教育模式中脱离出来，使其真正成为为国家培养生产一线的高级技术应用型人才的职业教育，"十三五"期间，这种转化将加速推进并最终得以完善。为适应这一特点，编写高职高专院校食品类各专业所需的教材势在必行。

针对以上变化与调整，由中国质检出版社牵头组织了"十三五"高职高专院校规划教材的编写与出版工作，该套教材主要适用于高职高专院校的食品类各相关专业。由于该领域各专业的技术应用性强、知识结构更新快，因此，我们有针对性地组织了河南农业职业学院、江苏食品职业技术学院、包头轻工职业技术学院、四川旅游学院、甘肃畜牧工程职业技术学院、江苏农林职业技术学院、无锡商业职业技术学院、江苏畜牧兽医职业技术学院、吉林农业科技学院、广东环境保护工程职业学院、清远职业技术学院、黑龙江民族职业学院以及上海农林职业技术学院等40多所相关高校、职业院校、科研院所以及企业中兼具丰富工程实践和教学经验的专家学者担当各教材的主编与主审，从而为我们成功推出该套框架好、内容新、适应面广的高质量教材提供了必要的保障，以此来满足食品类各专业普通高等教育和职业教育的不断发展和当前全社会对建立食品安全体系的迫切需要；这也对培养素质全面、适应性强、有创新能力的应用型技术人才，进一步提高食品类各专业高等教育和职业教育教材的编写水平起到了积极的推动作用。

针对应用型人才培养院校食品类各专业的实际教学需要，本系列教材的编写尤其注重了理论与实践的深度融合，不仅将食品科学与工程领域科技发展的新理论合理融入教材中，使读者通过对教材的学习，可以深入把握食品行业发展的全貌，而且也将食品行业的新知识、新技术、新工艺、新材料编入教材中，使读者掌握最先进的知识和技能，这对我国新世纪应用型人才的培养大有裨益。相信该套教材的成功推出，必将会推动我国食品类高等教育和职业教育教材体系建设的逐步完善和不断发展，从而对国家的新世纪人才培养战略起到积极的促进作用。

教材审定委员会

2017 年 4 月

前　言
• FOREWORD •

食品是人类赖以生存和发展的基本物质，是人们生活中最基本的必需品。随着经济的迅速发展和人们生活水平的不断提高，食品产业获得了空前的发展。各种新型食品层出不穷，已经在国家众多产业中占支柱地位。在食品的三要素中（安全、营养、食欲），安全是消费者选择食品的首要标准。

近几年来，在世界范围内不断出现食品安全事件，如英国"疯牛病"和"口蹄疫"事件、比利时"二噁英"事件，国内的苏丹红、吊白块、毒米、毒油、孔雀石绿、瘦肉精、三聚氰胺、壮阳玉米粉、胶水牛排等事件，使得我国乃至全球的食品安全问题形势十分严峻。日益加剧的环境污染和频繁发生的食品安全事件对人们的健康和生命造成了巨大的威胁，食品安全问题已成为人们关注的热点问题。

2015 年实施的《中华人民共和国食品安全法》，以及食品方面的标准与法规发生了较大变化，编写本书是为了适应社会和高等职业院校食品相关专业师生教育的需要。本书结合我国食品标准与法规的现状，着重介绍了食品标准与法规的概念、食品标准的制定与编写、中国食品标准与法规、国际食品标准与法规、食品许可管理与市场准入制度、食品认证管理、食品标准与法规文献检索等内容。

本书由全国十二所高等职业院校多年从事食品标准与法规教学与科研工作的教师合力编写，由杜宗绪和郭淼主编，孙显慧、韦璐和杨俊峰任副主编。第一章由杜宗绪编写；第二章由杜宗绪和孙显慧编写；第三章由郭淼和马昕编写；第四章由郭淼和杨俊峰编写；第五章由杨玉红和吴巨贤编写；第六章由韦璐和周志强编写；第七章由洪卉、程毛和陈琴编写；第八章由崔丽伟和王小龙编写。全书由杜宗绪统稿，在统稿过程中对某些章节作了一定的修改。潍坊出入境检验检疫局李英强和上海市质量监督检验技术研究院彭亚峰，对全书进行了审阅并提出许多宝贵意见，在此深表谢意。

由于编写者水平有限，加之食品标准与法规的不断更新完善，教材中难免有不妥之处，敬请读者批评指正。本书可作为高等职业院校食品质量与安全、食品科学与工程、农产品质量检测等食品类专业的教材，也可作为食品质量管理部门、食品检验机构、食品企业及有关食品质量与安全管理人员的参考用书。

编　者

2017 年 4 月

目 录
• CONTENTS •

第一章 绪 论

【本章提要】

介绍了标准、标准化、法规和技术法规的概念，说明了标准与法规的关系与作用，指出了课程学习的内容与方法。

【学习目标】

掌握标准与法规的基本概念，理解食品标准与法规的作用，明确学习内容和学习方法。

"国以民为本，民以食为天，食以安为先"。食品标准与法规是从事食品生产、营销和贮存以及食品资源开发与利用必须遵守的行为准则，也是食品工业持续健康快速发展的根本保障。在市场经济的法规体系中食品标准与法规占有十分重要的地位，它是规范市场经济秩序，实施政府对食品质量安全与卫生的管理与监督，确保消费者合法权益，维护社会长治久安和可持续发展的重要依据。无论是国际还是国内都需要对食品质量和安全性做出评价和判定，其主要依据就是有关国际组织和各国政府标准化部门制定的食品标准与法规。

第一节 标准与法规

一、标准

GB/T 20000.1—2014《标准化工作指南 第1部分：标准化和相关活动的通用术语》对"标准"的定义是："标准（standard）是通过标准化活动，按照规定的程序经协商一致制定，为各种活动或其结果提供规则、指南或特性，供共同使用和重复使用的文件。"

它以科学、技术及实践经验和综合成果为基础，经有关方面协商一致，由主管机构批准，以特定形式发布，作为共同遵守的准则和依据。

GB/T 20000.1—2014《标准化工作指南 第1部分：标准化和相关活动的通用术语》对"标准化"的定义是："标准化（standardization）是为了在既定范围内获得最佳秩序，促进共同效益，对现实问题或潜在问题确立共同使用和重复使用的条款以及编制、发布和应用文件的活动。

标准化的主要效益在于为了产品、过程或服务的预期目的改进它们的适用性，促进贸易、交流以及技术合作。

标准是文件或实物，而标准化是制定、发布、实施标准的活动。

许多发达国家普遍将标准化上升到国家战略，我国对标准化工作也高度重视。2015年政府工作报告提及标准多达17次，涉及经济、社会、文化等各个方面。我国出台一系列标准方面的政策，如《深化标准化工作改革方案》（国发〔2015〕13号）、《国家标准化体系建设发展规划（2016—2020年)》（国办发〔2015〕89号）和《关于培育和发展团体标准的指导意见》（国质检联〔2016〕109号）等，初步构建起符合我国国情的食品安全国家标准体系，分为通用标准、产品标准、检验方法、生产经营规范四大类，涵盖1.2万余项指标，标准体系的框架、原则、科学依据与国际食品法典一致。

二、法规

GB/T 20000.1—2014《标准化工作指南　第1部分：标准化和相关活动的通用术语》对"法规"的定义是："法规（regulation）是由权力机关通过的有约束力的法律性文件。"如《中华人民共和国食品安全法》《山东省食品安全条例》。

食品法规的主要作用是加强食品监督管理，保证食品卫生，防止食品污染和有害因素对人体的危害，保障人民身体健康，增强人民体质。

法规与标准的主要区别在于：法规是由国家立法机构发布的规范性文件，标准是由公认机构发布的规范性文件。法规在其辖区内具有强制性，所涉及的人员有义务执行法规的要求；而标准的发布机构没有立法权，所以标准只能是自愿性的，供有关人员自愿采用。法规与标准又是有联系的。标准涉及的是技术问题，为了保护人类健康、安全等目的，法规中也常常涉及技术问题，通常这类法规叫技术法规（technical regulation）。技术法规常常引用标准。

规范性文件（normative document）是为各种活动或其结果提供规则、指南或特性的文件。是各级机关、团体、组织制发的各类文件中最主要的一类，因其内容具有约束和规范人们行为的性质，故名称为规范性文件。目前，我国法律法规对于规范性文件的涵义、制发主体、制发程序和权限以及审查机制等，尚无全面、统一的规定。

第二节　内容与方法

一、课程内容

食品标准与法规（food standards and regulations）是研究食品的生产、加工、包装、贮运、配送和销售等全过程相关的法律法规、标准及合格评定程序的一门综合性学科。

食品标准的研究必须考虑食品加工门类（果蔬、粮油产品、畜水产品、酒类等）和食品加工过程要素（原料、设施、工艺、包装标识、检验、贮藏运输和销售等），以构建和完善食品基础标准、通用标准和专用标准，构成食品标准体系。

食品法规则是专门研究与食品有关的法律法规和管理制度，包括法规的生产、规定要求、实施以及变化规律等。为标准提供法律保障。

WTO/TBT 协议中定义"合格评定程序（conformity assessment procedures）是指任何直接或间接用来确定是否达到技术法规或标准的相关要求的任何程序。"（主要包括：取样、检验、检测、认可、注册、批准、符合性评估、符合性验证和符合性保证）。

课程内容主要有：标准制定与编写、中国食品标准与法规、国际食品标准与法规、食品许可管理与市场准入制度、食品认证管理、食品标准与法规文献检索等。

二、学习方法

食品标准与法规涉及各类食用农产品和食品，贯穿于食品与食用农产品生产流通各个环节和全部过程，既包括法规与标准的制定、实施过程，又涵盖了对其进行监督监测和评定认证体系；既规范协调企业和消费者双方，又涉及政府、行业、团体组织等管理机构和监督检测、合格评定等第三方中性机构。因此，食品标准与法规的学习，不仅是对食品法规和标准的记忆和理解，更应注重正确运用法规和相关标准依法进行食品生产与管理，同时还要注意标准与法规的复杂性和动态发展性。

食品标准与法规都是现实社会经济与科学技术发展到一定阶段的产物，又随着现实社会经济与科学技术的发展而不断变化。由于经济的发展、技术的进步、市场的变化以及需求方的要求发生变化，使原有的标准法规不能适用时，如果不依据环境的要求及时应变，标准与法规要么失效（自愿性标准），要么会产生负效应（强制性标准与法规）。因此，当出现这种要求时或当已经预见到这种趋势时，必须立即组织标准与法规的修订或对标准系统进行调整，这就是标准与法规的动态发展性。因此，我们学习食品标准与法规时，应该学会采取发展的观点来看问题。教材中的内容可能在出版时和出版后已经发生了变化，我们应该不断追踪其前后变化，来看待和理解相关的食品标准与法规。

 复习思考题

1. 标准、标准化、法规和技术法规的概念是什么？
2. 标准的作用是什么？
3. 法规的作用是什么？
4. 标准与法规的区别是什么？

第二章 标准制定与编写

【本章提要】

介绍了标准的类别和标准体系，指出了国家标准的制定程序和企业标准制定程序，详细说明了标准的结构和编写原则，以及标准要素的编写要求。

【学习目标】

熟悉标准的分类，理解标准制定程序，掌握食品企业标准制定的程序和企业标准的编写方法，能够编写食品企业相关标准。

标准的制定与编写是标准化工作的重要任务，影响面大、政策性强，不仅需要大量的技术工作，而且需要大量的组织和协调工作。标准是社会广泛参与的产物，在市场经济条件下，严格按照统一规定的程序开展标准制定与编写工作，是保障标准编制质量，提高标准技术水平，缩短标准制定周期，实现标准制定与编写过程公平、公正、协调、有序的基础和前提。

第一节 标准类别与体系

分类是人类认识事物和管理事物的一种方法。不同层次上进行标准化活动而制定的标准，其适用范围也各不相同。从不同的目的和角度出发，依据不同的准则对标准进行分类，形成了不同的标准种类。

一、标准类别

标准是在一定的范围内充分反映各相关方的利益，并对不同意见进行协调，经协商一致由公认机构批准发布，供利益相关方共同使用和重复使用的文件。

（一）按标准级别划分

根据《中华人民共和国标准化法》的规定，我国的标准分为国家标准、行业标准、地方标准、团体标准和企业标准五个级别。而从全球化的角度来看，除了各国制定的国家标准外，还有国际组织制定的标准和地区间制定的标准。

1. 国际标准

由国际标准化组织（International Organization for Standardization，ISO）或国际标准组织通过并公开发布的标准。这类标准由 ISO 或国际标准组织的技术委员会起草，发布后在世界范围内适用，作为世界各国进行贸易和技术交流的基本准则和统一要求。目前，国际标准制定者是指 ISO、IEC 和国际电信联盟（ITU）以及 ISO 确认并公布的其他国际组织。如国际食品法典委员会（CAC）、国际谷物科学和技术协会（ICC）、国际乳品业联合会（IDF）、国际葡萄与葡萄酒局（OIV）、世界卫生组织（WHO）、国际兽疫防治局（OIE）等。

2. 区域标准

由区域标准化组织或区域标准组织通过并公开发布的标准。这里的区域组织是指仅向世界某个地理、政治或经济特定范围内的各国有关国家标准化机构开放的标准化组织。区域标准是该区域国家集团间进行贸易的基本准则和基本要求。ISO、IEC 和 ITU 承认的区域标准组织有欧洲标准化委员会（CEN）、欧洲电工标准化委员会（CEN - ELEC）、欧洲电信标准学会（ETSI）、太平洋地区标准会议（PASC）、东盟标准与质量咨询委员会（ACCSQ）标准、泛美标准委员会（COPANT）等。

3. 国家标准

由国家标准机构通过并公开发布的标准。对需要在全国范围内统一的技术要求，应当制定国家标准。如美国标准（ANSI）、日本工业标准（JIS）、德国标准（DIN）、英国标准（BS）等。对我国而言，国家标准由国家标准化管理委员会（SAC）发布。

国家标准代号为 GB 和 GB/T。

4. 行业标准

由行业机构通过并公开发布的标准。对没有国家标准又需要在全国某个行业范围内统一的技术要求，可以制定行业标准，作为对国家标准的补充，当相应的国家标准实施后，该行业标准应自行废止。

行业标准由行业标准归口部门编制计划、审批、编号、发布、管理。行业标准的归口部门及其所管理的行业标准范围，由国务院行政主管部门审定。

部分行业的行业标准代号如下：

化工 - HG、环境保护 - HJ、粮食 - LS、卫生 - WS、农业 - NY、轻工 - QB、商检 - SN、水产 - SC、包装 - BB。

5. 地方标准

在国家的某个地区通过并公开发布的标准。对没有国家标准和行业标准而又需要在省、自治区、直辖市范围内统一的要求，可以制定地方标准。

地方标准由省、自治区、直辖市标准化行政主管部门统一编制计划、组织制定、审批、编号、发布。地方标准也分强制性与推荐性。在相应国家标准或行业标准发布后，该项地方标准即行废止。

6. 团体标准

由团体按照团体确立的标准制定程序自主制定发布，由社会自愿采用的标准。团体标准（association standards）是国家标准、行业标准、地方标准的补充。鼓励实施效果良好的团体标准转化为国家标准及行业标准。团体（association）是指具有法人资格，且具备相应专业技术能力、标准化工作能力和组织管理能力的学会、协会、商会、联合会和产业技术联盟等社会团体。

GB/T 20004.1—2016《团体标准化 第1部分：良好行为指南》提供了团体开展标准化活动的一般原则，以及团体标准化的组织管理、团体标准的制定程序和编写规则等方面的良好行为指南。

7. 企业标准

由企业通过供该企业使用的标准。对企业范围内需要协调、统一的技术要求、管理要求和工作要求所制定的标准。企业产品标准其要求不得低于相应的国家标准或行业标准的要求。企业标准由企业制定，由企业法人代表或法人代表授权的主管领导批准、发布。

（二）按标准性质划分

按标准性质，国家标准分为强制性标准和推荐性标准。

1. 强制性标准

强制性标准是指政府部门制定并强制执行的标准。《中华人民共和国标准化法》规定：为保障人身健康和生命财产安全、国家安全、生态环境安全以及满足社会经济管理基本要求，需要统一的技术和管理要求的，应当制定强制性国家标准。

省、自治区、直辖市标准化行政主管部门制定的工业产品的安全、卫生要求的地方标准，在本行政区域内是强制性标准。强制性标准必须执行。

国家强制性标准的代号是"GB"，字母"GB"是国标两字汉语拼音首字母的大写。

2. 推荐性标准

推荐性标准是指由标准化机构发布的由生产、使用等方面自愿采用的标准。推荐性标准是以科学、技术和经验的综合成果为基础，在充分协商一致的基础上形成的。它所规定的技术内容和要求具有普遍指导作用，允许使用单位结合自己的实际情况，灵活加以选用。

推荐性标准自愿采用。国家推荐性标准的代号是"GB/T"，字母"T"表示"推荐"的意思。

此外，为适应某些领域标准快速发展和快速变化的需要，增加了一种"国家标准化指导性技术文件"，作为对国家标准的补充，其代号为"GB/Z"。指导性技术文件仅供使用者参考。

（三）按标准对象划分

按标准对象，标准可划分为技术标准、管理标准、工作标准三大类，分别对应标准化活动中的事物、事情、人员。

1. 技术标准

技术标准是指对标准化领域中需要协调统一的技术事项所制定的标准。技术标准包括基础技术标准、产品标准、工艺标准、检测试验方法标准，以及安全、卫生、环保标准等。

2. 管理标准

管理标准是指对标准化领域中需要协调统一的管理事项所制定的标准。管理标准包括管理基础标准，技术管理标准，经济管理标准，行政管理标准，生产经营管理标准等。

3. 工作标准

工作标准是指对标准化领域中需要协调统一的工作事项所制定的标准。具体来说就是针对工作的责任、权利、范围、质量要求、程序、效果、检查方法、考核办法所制定的标准。

工作标准一般包括部门工作标准和岗位（个人）工作标准。

（四）按标准形式划分

按标准形式，标准可划分为标准文件和标准样品。

1. 标准文件

标准文件的作用主要是提出要求或作出规定，作为某一领域的共同准则。标准文件有不同的表达形式，包括标准、技术规范、操作规程以及技术报告、指南等。而这些标准文件可能记录在不同的介质上，如纸介质文件、胶片文件和电子介质文件等。

2. 标准样品

标准样品的作用主要是提供实物，作为质量检验、鉴定的对比依据，测量设备检定、校准的依据，以及作为判断测试数据准确性和精确度的依据。

标准样品是具有足够均匀的一种或多种化学的、物理的、生物学的、工程技术的或感官的等性能特征，经过技术鉴定，并附有说明有关性能数据证书的一批样品。标准样品作为实物形式的标准，按其权威性和适用范围可分为内部标准样品和有证标准样品。

二、标准体系

标准体系是指在一定范围内的标准按其内在联系形成的科学的有机整体，也可以说标准体系是一种由标准组成的系统。

（一）标准体系表

标准体系表（diagram of standard system）是指一定范围标准体系内的标准，按其内在联系排列起来的图表。标准体系表用以表达标准体系的构思、设想、整体规划，是表达标准体系概念的模型。

GB/T 13016—2009《标准体系表编制原则和要求》规定了标准体系表的编制原则、格式及要求，适用于编制全国、行业、专业、企业及其他方面的标准体系表。

（二）综合标准体系表

以产品、过程、服务为中心，由生产或工作的全过程中所涉及的全部标准综合组成的标准体系表。

第二章　标准制定与编写

7

综合标准体系表应重点突出行业、专业间的配套标准。凡已纳入本产品、过程、服务所属的行业、专业标准体系表内的通用标准，可不再标出或从简标出。行业、专业标准体系表应全面成套，是行业、专业范围内标准体系表的主体。两者纵横配合，组成整体。

为了使不同的综合标准体系表对同一类配套标准的不同要求之间取得协调，以及既满足于用户需要又有利于生产，应将综合标准体系表对有关行业、专业提出的配套标准，协调和纳入有关行业、专业标准体系表内。

GB/T 12366—2009《综合标准化工作指南》规定了综合标准化的术语、基本原则、工作程序与方法。

GB/T 31600—2015《农业综合标准化工作指南》规定了农业综合标准化的基本原则、程序、步骤与方法等。本标准适用于农业、林业、畜牧业、渔业等领域内的农业生产、经营和服务的综合标准化工作。

（三）企业标准体系表

企业标准体系以技术标准为主体，还应包括管理标准和工作标准。企业标准体系应贯彻和采用上层国家或行业基础标准，在上层基础标准的指导下，制定本企业的企业标准。企业标准应在上级标准化法规和本企业的方针目标及各种相关国际、国家法律和法规指导下形成。

GB/T 13017—2008《企业标准体系表编制指南》规定了企业标准体系表的相关术语、编制要求、组成、结构形式、表示格式，并给出了三种参考结构图及结构图的裁剪原则。本标准适用于各种企业，亦可为工程项目（如电子政务项目）建立标准体系提供指导和借鉴。

第二节　标准制定

标准的制定是指对需要制定为标准的项目，编制制定计划、组织草拟、审批、编号、批准发布、出版等活动。制定标准是一项涉及面广、技术性、政策性很强的工作，必须以科学的态度，按照规定的程序进行。

一、国家标准制定程序

国家标准的制定有一套正常程序，每一个过程都要按部就班地完成。同时为适应经济的快速发展，缩短制定周期，除正常的制定程序外，还可采用快速程序。

（一）一般程序

GB/T 16733—1997《国家标准制定程序的阶段划分及代码》将国家标准的制定程序划分为预阶段、立项阶段、起草阶段、征求意见阶段、审查阶段、批准阶段、出版阶段、复审阶段、废止阶段九个阶段，可以作为制定其他级别标准的参考。

1. 预阶段（preliminary stage）

预阶段是标准计划项目建议的提出阶段。全国专业标准化技术委员会（以下简称技术委员会）或部门收到新工作项目提案后，经过研究和论证，提出新工作项目建议，并上报国务院标准化行政主管部门（国家标准化管理委员会）。

2. 立项阶段（proposal stage）

国务院标准化行政主管部门收到国家标准新工作项目建议后，对上报的项目建议统一汇总、审查、协调、确认，并下达《国家标准制修订计划项目》。

3. 起草阶段（preparatory stage）

技术委员会收到新工作项目计划后，落实计划，组织项目的实施，由标准起草工作组完成标准征求意见稿。

4. 征求意见阶段（committee stage）

标准起草工作组将标准征求意见稿发往有关单位征求意见，经过收集、整理回函意见，提出征求意见汇总处理表，完成标准送审稿。

5. 审查阶段（voting stage）

技术委员会收到标准起草工作组完成的标准送审稿后，经过会审或函审，最终完成标准报批稿。

6. 批准阶段（approval stage）

国务院有关行政主管部门、标准化行政主管部门对收到标准报批稿进行审核，对不符合报批要求的，退回有关起草单位进行完善，最终由国家标准化行政主管部门批准发布。

7. 出版阶段（publication stage）

国家标准出版机构对标准进行编辑出版，向社会提供标准出版物。

8. 复审阶段（review stage）

国家标准实施后，根据科学技术的发展和经济建设的需要适时进行复审，复审周期一般不超过5年。复审后，对不需要修改的国家标准确认其继续有效，对需要作修改的国家标准可作为修订项目申报，列入国家标准修订计划。对已无存在必要的国家标准，由技术委员会或部门提出该国家标准的废止建议。

9. 废止阶段（withdrawal stage）

对无存在必要的国家标准，由国务院标准化行政主管部门予以废止。

制定食品安全国家标准应当以保障公众健康为宗旨，以食品安全风险评估结果为依据，做到科学合理、公开透明、安全可靠。为规范食品安全国家标准制（修）订工作，《食品安全国家标准管理办法》（卫生部令〔2010〕77号）规定了食品安全国家标准制（修）订工作，包括规划、计划、立项、起草、审查、批准、发布以及修改与复审等。

（二）快速程序

快速程序是指在正常制定标准程序的基础上，省略起草阶段或省略起草阶段和征求意见阶段的简化程序。为了缩短标准制定周期，适应国家对市场经济快速反应的需要，《采用快速程序制定国家标准的管理规定》（技监局标发〔1998〕03号）中规定，制定国家标准可采用快速程序。

凡符合下列之一的项目，均可申请采用快速程序：

（1）等同采用或修改采用国际标准制定国家标准的项目；

（2）等同采用或修改采用国外先进标准制定国家标准的项目；

（3）现行国家标准的修订项目；

（4）现行其他标准转化为国家标准的项目。

采用快速程序的项目，按《国家标准管理办法》（国家技术监督局令〔1990〕10号）的有关规定和GB/T 16733—1997《国家标准制定程序的阶段划分及代码》的要求进行管理。制定行业标准和地方标准的程序与国家标准差不多，企业标准的制定程序可适当减化。

二、地方标准制定程序

《食品安全地方标准制定及备案指南》（国卫办食品函〔2014〕825号）中，规定了食品安全地方标准的制定、修订程序可参考食品安全国家标准的相关程序，包括以下程序：

（1）征集立项建议，形成食品安全地方标准立项建议草案；

（2）公开征求意见，咨询食品安全国家标准审评委员会秘书处意见；

（3）确定项目计划及具体标准承担单位；

（4）起草单位开展调研和收集风险评估资料，形成标准草案；

（5）形成征求意见稿，公开征求意见；

（6）形成送审稿，送地方食品安全标准审评委员会审查；

（7）形成报批稿，并批准发布；

（8）报食品安全国家标准审评委员会秘书处备案。

三、企业标准制定程序

GB/T 15496—2003《企业标准体系　要求》规定了企业标准制定范围、制定原则、制定程序、标准备案和标准复审。

（一）企业标准制定范围和原则

1. 企业标准制定范围

（1）产品标准；

（2）生产、技术、经营和管理活动所需的技术标准、管理标准和工作标准；

（3）设计、采购、工艺、工装、半成品以及服务的技术标准；

（4）对已有国家标准、行业标准、地方标准或团体标准的，鼓励企业制定严于国家标准、行业标准、地方标准或团体标准要求的企业标准，在企业内部适用。

2. 企业标准制定、修订原则

（1）贯彻执行国家和地方有关的法律、法规、规章和强制性标准；

（2）充分考虑顾客和市场需求，保证产品质量，保护消费者利益；

（3）积极采用国际标准和国外先进标准；

（4）有利于扩大对外经济合作和国际贸易；

（5）有利于新技术的发展和推广；

（6）企业内的企业标准之间、企业标准与国家标准或行业标准、地方标准或团体标准之间应协调一致。

（二）企业标准制定程序

1. 调查研究、收集资料

（1）调查研究、收集资料的一般要求；

（2）标准化对象的国内外（包括企业）的现状与发展；

（3）有关最新科技成果；

（4）顾客的要求与期望；

（5）生产（服务）过程及市场反馈的统计资料、技术数据；

（6）国际标准、国外先进标准、技术法规及国内相关标准。

2. 起草标准草案

对收集到的资料进行整理、分析、对比、选优，必要时进行试验对比和验证，然后编写标准草案。

3. 形成标准送审稿

将标准草案连同"编制说明"发至企业内有关部门，征求意见，对返回意见分析研究，编写出标准送审稿。

4. 审查标准

采取会审或函审。标准审查重点如下：

（1）标准送审稿以及相关联的各种标准化工作是否符合或达到预定的目的和要求；

（2）与有关法律、法规、强制性标准是否一致；

（3）技术内容是否符合国家方针政策和经济技术发展方向，技术指标与性能是否先进、安全可行，各种规定是否合理、完整和协调；

（4）与有关国际标准和国外先进标准是否协调；

（5）规定性技术要素内容的确定方法是否符合 GB/T 1.1—2009《标准化工作导则　第 1 部分：标准的结构和编写》的规定；

（6）标准编写格式可参照 GB/T 1.1—2009《标准化工作导则　第 1 部分：标准的结构和编写》。

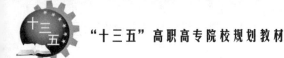

5. 编制标准报批稿

经审查通过的标准送审稿，起草单位应根据审查意见修改，编写"标准报批稿"及相关文件"标准编制说明""审查会议纪要""意见汇总处理表"。

6. 批准与发布

企业标准由企业法定代表人或其授权的管理者批准、发布，由企业标准化机构编号、公布。

（三）企业标准自我声明

《消费品标准和质量提升规划（2016—2020年）》（国办发〔2016〕68号）中规定：放开搞活企业标准，取消企业标准备案制度，引导企业自我声明公开执行的标准，公开产品质量承诺，提高消费品标准信息的透明度。鼓励第三方机构评估公开标准的水平，发布企业标准排行榜。建立企业标准领跑者制度，引导消费者更多选择标准领跑者产品，满足市场对高品质产品和高质量服务的消费需求。开展以随机检查、比对评估为主的企业标准公开事中事后监管，将标准实施情况纳入质量信用记录，促进企业主动实施高标准、追求高质量，推动形成优质优价、优胜劣汰的质量竞争机制。

（四）企业标准复审

企业标准应定期复审，复审周期一般不超过三年。复审工作由企业标准化机构负责组织。

第三节 标准结构与编写原则

GB/T 1.1—2009《标准化工作导则 第1部分：标准的结构和编写》规定了标准的结构和标准编写的原则，为我国各级标准的编写提供了准则和依据。

一、标准结构

（一）按内容划分

由于标准之间的差异较大，较难建立一个普遍接受的内容划分规则。通常，针对一个标准化对象应编制成一项标准并作为整体出版；特殊情况下，可编制成若干个单独的标准或在同一个标准顺序号下，将一项标准分成若干个单独的部分。标准分成部分后，需要时，每一部分可以单独修订。

1. 部分的划分

一项标准一般有两种表现形式，即作为整体发布的单独标准和分为若干部分发布的标准。一般情况下，针对一个标准化对象应编制成一项单独的标准，并作为一个整体发布实施。如果标准篇幅过长、后续部分的内容相互关联、某些部分可能被法规引用或拟用于认证时，可在相同的标准顺序号下将一项标准分成若干个单独的部分。如果标准化对象的不同方面（健康和安全要求、性能要求、维修和服务要求、安装规则、质量评定）会分别引起各方（如生产者、认证机构、立法机关等）的关注，应清楚地区分这些不同方面，最好将它们分别编制成一项标准的若干个单独的部分或若干项单独的标准，从而形成一组系列标准。

一项标准分成若干个单独的部分时，可使用下列两种方式：

（1）将标准化对象分为若干个特定方面

各个部分分别涉及其中的一个方面，并且能够单独使用。

【示例 2 - 1】

GB/T 18798.1—2008　固态速溶茶　第 1 部分：取样；

GB/T 18798.2—2008　固态速溶茶　第 2 部分：总灰分测定；

GB/T 18798.3—2008　固态速溶茶　第 3 部分：水分测定。

（2）将标准化对象分为通用和特殊两个方面

通用方面作为标准的第一部分，特殊方面（可修改或补充通用方面，不能单独使用）作为标准的其他各部分。

【示例 2 - 2】

GB 4706.1—2005　家用和类似用途电器的安全　第 1 部分：通用要求；

GB 4706.2—2007　家用和类似用途电器的安全　第 2 部分：电熨斗的特殊要求；

GB 4706.27—2008　家用和类似用途电器的安全　第 2 部分：风扇的特殊要求。

2. 内容的划分

标准由各类要素构成。一项标准的要素可按下列方式进行分类。

（1）按要素的性质划分

可分为资料性要素和规范性要素。资料性要素是标识标准、介绍标准、提供标准的附加信息的要素，又分为概述要素和补充要素。规范性要素是指声明符合标准而应遵守的条款的要素，又分为一般要素和技术要素。

（2）按要素的位置划分

①资料性概述要素

是标示标准，介绍内容，说明背景、制定情况以及该标准与其他标准或文件的关系的要素，包括封面、目次、前言和引言等。

②规范性一般要素

是描述标准的名称、范围，给出对于标准的使用必不可少的文件清单等要素。

③规范性技术要素

是规定标准技术内容的要素，包括术语和定义、符号和缩略语、要求、规范性附录等，是标准的核心部分，也是标准的主要技术内容。

④资料性补充要素

是提供有助于标准的理解或使用的附加信息的要素，包括标准的资料性附录、参考文献和索引等。

（3）按要素的状态划分

①必备要素

在标准中不可缺少的要素，如封面、前言、名称、范围等。

②可选要素

在标准中存在与否取决于特定标准的具体需求的要素，如目次、引言、要求、资料性附录、参考文献、索引等。

各类要素在标准中的典型编排以及每个要素所允许的表述方式如表2-1所示。

表2-1 标准中要素的典型编排

要素类型	要素的编排	要素所允许的表述形式
资料性概述要素	封面	文字（标示标准的信息，见本章第四节"封面"）
	目次	文字（内容的自动生成的内容，见本章第四节"目次"）
	前言	条文、注、脚注
	引言	条文、图、表、注、脚注
规范性一般要素	标准名称	文字
	范围	条文、图、表、注、脚注
	规范性引用文件	文件清单（规范性引用）、注、脚注
规范性技术要素	术语和定义	条文
	符号、代号和缩略语	图
	要求	表
	⋮	注
	规范性附录	脚注
资料性补充要素	资料性附录	条文、图、表、注、脚注
规范性技术要素	规范性附录	条文、图、表、注、脚注
资料性补充要素	参考文献	文件清单（资料性引用）、脚注
	索引	文字（自动生成的内容，见本章第四节"索引"）

表2-1中各类要素的前后顺序即其在标准中所呈现的个体位置。

一项标准不一定包括表2-1中的所有规范性技术要素，然而可以包含表2-1之外的其他规范性技术要素。规范性技术要素的构成及其在标准中的编排顺序根据所起草的标准的具体情况而定。

（二）按层次划分

一项标准可能具有的层次见表2-2。

表 2 - 2　层次及其编号示例

层　次	编　号　示　例
部分	××××.1
章 条 条 段 列项	5 5.1 5.1.1 ［无编号］ 列项符号；字母编号 a）、b）和下一层次的数字编号 1）、2）
附录	附录 A

1. 部分

部分是一项标准被分别起草、批准发布的系列文件之一。一项标准的不同部分具有同一个标准顺序号，它们共同构成了一项标准。部分的编号应位于标准顺序号之后，使用阿拉伯数字从 1 开始编号，并用下脚点与标准顺序号隔开。部分可以连续编号（示例 2 - 1），也可以分组编号（示例 2 - 2），部分不应再分成分部分。

部分的名称与标准名称的组成方式相同。同一标准的各个部分的名称应有相同的引导要素（如果有）和主体要素，而补充要素应不同，以便区分各个部分。在每个部分的名称中，补充要素前均应标明"第×部分："（"×"为与部分编号完全相同的阿拉伯数字）。

2. 章

章是标准内容划分的基本单元，是标准或部分中划分出的第一层次，因而构成了标准结构的基本框架。每项标准或部分中，应使用阿拉伯数字 1 开始对章编号，编号应从"范围"一章开始，一直连续到附录之前。每一章均应有章标题，并应置于编号之后，并与其后的条文分行。

3. 条

条是对章的细分。凡是章以下有编号的层次均称为"条"。一个层次中有两个或两个以上的条时才可设条。例如，第 10 章中，如果没有 10.2，就不应设 10.1，应避免对无标题条再分条。条的设置是多层次的，它可以逐层细分，第一层次的条（如 5.1、5.2 等）可分成第二层次的条（如 5.1.1、5.1.2 等）。需要时，一直可分到第五层次（如 5.1.1.1.1.1、5.1.1.1.1.2 等）。

第一层次的条宜给出标题。标题位于编号之后空一个汉字，并与其后的条文分行。第二层次的条可同样处理。在某一章或条中，同一层次的条，有无标题应统一。例如，第 10 章的下一层次 10.1 有标题，则 10.2、10.3 等也应有标题。

对于不同章中的条或不同条中的条，虽处于同一层次，是否设置标题可以不一致。

条的编号使用阿拉伯数字加下脚点的形式，即层次用阿拉伯数字，两个层次的数字之间加下脚点。条的编号应在其所属章内及上一层次的条内进行。

可将无标题条首名中的关键术语或短评标为黑体，以标明所涉及的主题。这类术语或短语不应列入目次。

4. 段

段是对章或条的细分，段不编号。段没有编号，这是段与条的最明显的区别，也就是说段是章或条中不编号的层次。除了章只有一条内容的情况下，段一般都在每一条的下面。为了不在引用时产生混淆，应避免在章标题或条标题与下一层次之间设段（称为"悬置段"）。

【示例 2 – 3】

如图 2 – 1 右侧所示，按照隶属关系，第 5 章不仅包括所标出的"悬置段"，还包括 5.1 和 5.2。鉴于这种情况，在引用这些悬置段时有可能发生混淆。下面左侧示出避免混淆的方法之一：将右侧的悬置段编号并加标题"5.1 总则"（也可给出其他适当的标题），并且将右侧的 5.1 和 5.2 重新编号，依次改为 5.2 和 5.3。避免混淆的其他方法还有，将悬置段移到别处或删除。

正确	不正确
5 标记 5.1 总则 　××××××××××××××× 　××××××××××××××× 　××××××××× 5.2 ××××××× 　××××××××××××× 5.3 ××××××× 　××××××××××××××× 　××××××××××××××× 　××××××××××××× 　×××××× 6 试验报告	5 标记 　×××××××××××　　} 　×××××××××××××　}悬置段 　×××××　　　　　　} 5.1 ××××××× 　××××××××××××××× 5.2 ××××××× 　××××××××××××××× 　××× 6 试验报告

图 2 – 1 悬置段示例

但标准中的一些引导语可以处于悬置状态，只要它们不会被引用。如术语和定义一章，往往在具体给出术语和定义之前，要有一段引导语，这些引导语是不会被引用的，所以可以处于悬置状态。

章、条的编号应顶格编排。章的编号与其后的标题，条的编号与其后的标题或文字之间空一个汉字的间隙。章的编号和章标题应占三行，条的编号和条标题应占两行。段的文字空两个汉字起排，回行时顶格编排。

5. 列项

列项是段的另外一种表示形式，没有编号，在标准条文中，常常使用列项的方法阐述标准的内容。列项可以用两种形式引出：一种是使用一个句子（示例 2 – 4）；一种是使用一个句子的前半部分，后半部分由列项中的内容来完成（示例2-5）。

【示例2-4】

下列各类仪器不需要开关：

——在正常操作条件下，功耗不超过10W的仪器；

——在任何故障条件下使用2min，测得功耗不超过50W的仪器。

【示例2-5】

仪器中的振动可能产生于：

·转动部件的不平衡；

·机座的轻微变形。

在列项的各项之前应使用列项符号（"破折号"或"圆点"）（示例2-4、示例2-5）。在一项标准的同一层次的列项中，使用破折号还是圆点应统一。列项中的项如果需要识别时，则应使用字母编号（后带半圆括号的小写拉丁字母）在各项之前进行标示。在字母形式的列项中，如果需要对某个项进一步细分成需要识别的分项，则应使用数字编号（后带半圆括号的阿拉伯数字）在各项之前进行标示（示例2-6）。

【示例2-6】

标准中使用的量和单位：

a）小数点符号为"."；

b）标准应只使用：GB 3101，GB 3102各部分所给出的单位；GB 3101给出的可与国际单位制并用的我国法定计量单位，如分（min）、小时（h）。

在列项的各项中，可将其中的关键术语或短语标为黑体，以标明各项所涉及的主题（示例2-7）。这类术语或短语不应列入目次。如果有必要列入目次，则不应使用列项的形式，而应采用条的形式，将相应的术语或短语作为条标题。

【示例2-7】

前言应视情况依次给出下列内容：

a）标准结构的说明。……

b）标准编制所依据的起草规则，提及GB/T 1.1。

每一列项之前的破折号、圆点或字母编号均应空两个汉字起排，其后的文字以及文字回行均应置于距版心左边5个汉字的位置。字母编号下一层次列项的破折号、圆点或数字编号均应空4个汉字起排，其后的文字以及文字回行均应置于距版心左边7个汉字的位置。

6. 附录

附录是标准中层次的表现形式之一。在起草标准时，下述情况常常使用附录：

（1）为了合理安排标准的整体结构，突出标准的主要技术内容；

（2）为了方便标准使用者对标准中部分技术内容的进一步理解；

（3）采用国际标准时，为了给出与国际标准的详细差异。

附录按其性质分为规范性附录和资料性附录，均为可选要素。规范性附录给出标准正文的附加条款。资料性附录给出对理解或使用标准起辅助作用的附加信息，该要素不应包含要声明符合标准而应遵守的条款。

附录的规范性的性质和资料性的性质应通过下述方法加以明确：

（1）条文中提及时的措辞方式，如"遵照附录 A 的规定""见附录 C""参见附录 B"等；

（2）前言中的陈述（表达信息的条款）；

（3）在目次中和附录编号下方标明。

每个附录均应在正文或前言的相关条文中明确提及。附录的顺序应按在条文（从前言算起）中提及它的先后次序编排，但前言中说明与前一版本相比的主要技术变化时，所提及的附录不作为编排附录顺序的依据。

每个附录均应有编号。附录编号由"附录"和随后表明顺序的大写拉丁字母组成，字母从"A"开始，例如"附录 A""附录 B"等。只有一个附录时，仍应标为"附录 A"。附录编号下方应标明附录的性质，即"（规范性附录）"或"（资料性附录）"，再下方是附录标题。

每个附录中章、图、表和数学公式的编号应重新从 1 开始，编号前应加上附录编号中表明顺序的字母，字母后跟下脚点。例如：附录 A 中的章用"A.1""A.2"等表示；图用"图 A.1""图 A.2"等表示。

每个附录均应另起一面。附录编号、附录的性质［即"（规范性附录）"或"（资料性附录）"］以及附录标题，每项各占一行，置于附录条文之上居中位置。

二、编写原则

为了所制定标准的质量水平，在编写标准时，必须严格遵循政策性、统一性、协调性、适用性、一致性、规范性原则。

1. 政策性

标准编写是一项技术复杂、政策性很强的工作，直接关系到国家、企业和广大人民群众的切身利益，标准编写的内容必须符合我国现行的相关政策和法律法规。

2. 统一性

标准编写时，表达方式始终要统一；同一标准中的名词、术语、符号、代号要前后统一；相关标准中的名词、术语、符号、代号也要统一。

3. 协调性

主要是针对标准之间，以及标准与法规之间协调一致。不能与国家有关法律、法规相违背。

4. 适用性

是指一个标准在特定条件下适合于规定用途的能力。包含两方面的含义：一是标准的内容要有可操作性；二是标准的内容要易于被其他文件所引用。

5. 一致性

当编制的标准采用国际标准或国外先进标准时，应尽可能保持与国际文件一致，符合GB/T 20000.2—2009《标准化工作指南 第2部分：采用国际标准》规定，同时还应标明一致性程度。

6. 规范性

标准的编写从起草工作开始到随后的所有程序，均应遵守 GB/T 1.1—2009《标准化工作导则 第1部分：标准的结构和编写》规定，根据编写标准的具体情况还应遵守GB/T 20000《标准化工作指南》、GB/T 20001《标准编写规则》和 GB/T 20002《标准中特定内容的起草》标准中相应部分的规定。

（1）GB/T 20000

GB/T 20000.1—2014《标准化工作指南 第1部分：标准化和相关活动的通用术语》；

GB/T 20000.2—2009《标准化工作指南 第2部分：采用国际标准》；

GB/T 20000.3—2014《标准化工作指南 第3部分：引用文件》；

GB/T 20000.9—2014《标准化工作指南 第9部分：采用其他国际标准化文件》。

（2）GB/T 20001

GB/T 20001.1—2001《标准编写规则 第1部分：术语》；

GB/T 20001.10—2014《标准编写规则 第10部分：产品标准》；

GB/T 20001.2—2001《标准编写规则 第2部分：符号》；

GB/T 20001.3—2001《标准编写规则 第3部分：信息分类编码》；

GB/T 20001.4—2001《标准编写规则 第4部分：化学分析方法》。

（3）GB/T 20002

GB/T 20002.1—2008《标准中特定内容的起草 第1部分：儿童安全》；

GB/T 20002.2—2008《标准中特定内容的起草 第2部分：老年人和残疾人的需求》；

GB/T 20002.3—2014《标准中特定内容的起草 第3部分：产品标准中涉及环境的内容》；

GB/T 7714—2005《文后参考文献著录规则》。

第四节 标准要素编写

GB/T 1.1—2009《标准化工作导则 第1部分：标准的结构和编写》，规定了资料性概述要素、规范性一般要素、规范性技术要素和资料性补充要素的编写要求。

一、资料性概述要素编写

（一）封面

封面为必备要素，它应给出标示标准的信息。包括：标准的名称、英文译名、层次（国家标准为"中华人民共和国国家标准"字样)、标志、编号、国际标准分类号（ICS 号）、中国标准文献分类号、备案号（不适用于国家标准）、发布日期、实施日期、发布部门等。

如果标准代替了某个或几个标准，封面应给出被代替标准的编号。如果标准与国际文件的一致性程度为等同、修改或非等效，还应按照 GB/T 20000.2—2009《标准化工作指南 第 2 部分：采用国际标准》的规定，在封面上给出一致性程度的标识。

标准征求意见稿和送审稿的封面显著位置应有如下说明："在提交反馈意见时，请将您知道的相关专利连同支持性文件一并附上。"

出版标准的纸张应采用 A4 幅面，即规格尺寸为 210mm×297mm，允许公差 ±1mm。在特殊情况下（如图、表不能缩小时），标准幅面可根据实际需要延长和（或）加宽，倍数不限。此时，书眉上的标准编号的位置应做相应调整。

1. 标准层次

在封面上部居中位置为标准层次的说明。如"中华人民共和国国家标准""中华人民共和国××（行业名称）行业标准""××××（地方名称）地方标准""××××（企业名称）企业标准"等。

2. 标准标志

标准的标志位于封面的右上角，用标准代号制成的图标表示。

3. 标准编号

在标准封面中标准层次的右下方是标准的编号。标准编号由标准代号、顺序号和年号 3 部分组成。我国标准代号是由部门名称汉语拼音缩写字母表示的。国家标准代号为 GB，行业标准中具体行业的代号按国家质检总局的有关规定执行。地方标准代号为 DB。国家标准、行业标准、地方标准为强制性标准时，只是代号加"/"，后跟顺序号；若为推荐性标准，则是代号加"/T"，后跟顺序号。企业标准用 Q/×××（企业代号）表示。各类标准的编号形式如表 2-3 所示。

表 2-3 各类标准编号的格式

标准层次	标准标志	标准编号格式
强制性国家标准	GB	GB（标准顺序号）—（标准年号）
推荐性国家标准	GB/T	GB/T（标准顺序号）—（标准年号）
强制性行业标准	××	××（标准顺序号）—（标准年号）
推荐性行业标准	××/T	××/T（标准顺序号）—（标准年号）
地方标准	DB	DB××/（标准顺序号）—（标准年号）
食品安全地方标准	DBS	DBS××/（标准顺序号）—（标准年号）
团体标准	T	T/社会团体代号（标准顺序号）—（标准年代）
企业标准	Q	Q/（企业代号）（四位标准顺序号）S—（标准年号）

说明：标准年号由 4 位数字表示；DB 后的两个 ×× 为各地行政区划代码前现位数，如河南为 41，山东为 37，江苏为 32。

如果制定（或修订）的标准代替了同类别的某项或某几项标准（如国家标准代替国家标准），则应在标准编号之下另起一行标明被代替的标准编号，标示为"代替×××"。但高层次标准代替低层次标准时，不在封面上标示。必要时可在前言中介绍。

在封面上标准的编号中，标准代号与标准顺序号之间空半个汉字的间隙，标准顺序号与年号之间的连接号为一字线。如果有被代替的标准，则在本标准的编号之下另起一行编排被代替标准的编号。被代替标准的编号之前编排"代替"二字，本标准的编号和被代替标准的编号右端对齐。

4. 分类号

位于标准封面的左上角，上面为ICS号，下面为中国标准文献分类号。

（1）国际标准分类号

国际标准分类号（International Classification for Standards，ICS）是由国际标准化组织（ISO）编制、维护和管理的国际标准文献专用分类号。ICS采用三级分类数字编号：第一级由41个大类组成，第二级为387个类目，第三级为789个类目（小类）；第一级采用两位阿拉伯数字，第二级采用三位阿拉伯数字，第三级采用两位阿拉伯数字表示，各级类目之间以圆点相隔。

如：ICS　67.100.20

67——食品技术；

100——乳和乳制品；

20——奶油。

（2）中国标准分类号

由原国家质量技术监督局根据标准的类别、内容组织编制的专用于标准文献的分类号，对于查找同一类别的标准比较方便。该分类将全部专业划分为24个大类，1606个小类。一级类目用大写拉丁字母表示，二级类目用双位数表示。例如，B64表示森林经营技术（B表示农业、林业）。所有标准封面的左上角或在国际标准分类号（ICS号）下面都应标注中国标准文献分类号。文献分类号的选择应符合《中国标准文献分类法》。中国标准文献分类号应给出一级类目和二级类目编号。

封面上的ICS号和中国标准文献分类号应分为上下两行编排，左端对齐。国家标准、行业标准应标注国际标准分类，企业标准不标注分类。

5. 备案号

根据《中华人民共和国标准化法》关于行业标准和地方标准在批准、发布后需要到有关部门备案的规定，由备案部门备案后确定一个编号。行业标准和地方标准要求将备案号标注在封面左上角中国标准文献分类号的下面。行业标准和地方标准的备案号是由顺序号和年代号组成。

6. 标准名称

在封面居中位置，包括中文名称和英文名称。企业标准可以免除对应的英文名称。中文名称用一号黑体字，英文名称用四号黑体字。英文名称应尽量从国际标准的名称中选取，采用国际标准时，宜采用原标准的英文名称。

标准名称由多个要素组成时，各要素之间应空一个汉字的间隙。标准名称也可分为上下多行编排，行间距应为3mm。标准名称的英文译名各要素的第一个字母大写，其余字母小写，各要素之间的连接号为一字线。

7. 程度标识

我国标准与国际标准的一致性程度标识应置于标准名称的英文译名之下，并加上圆括号。

8. 发布实施

标准封面的下端要标注标准的发布和实施日期，标准的发布和实施日期由标准的审批部门在发布标准时确定，标准草案的报送部门或单位可以提出建议。一般情况下，发布与实施日期应有间隔时间。

在标准最下面居中位置，应标注标准的发布部门或单位。国家标准一般由中华人民共和国国家质检总局和中国国家标准化管理委员会联合发布，有时也可由国务院标准化行政主管部门和国务院有关行政主管部门联合发布。食品安全国家标准由国务院卫生行政部门负责制定、公布，国务院标准化行政部门提供国家标准编号。行业标准由国务院各行业主管部门发布；地方标准由各省、自治区、直辖市标准化行政主管部门发布；食品安全地方标准由省级卫生行政部门负责制定、公布、解释，卫生部负责食品安全地方标准备案。企业标准由企业发布。

（二）目次

目次是可选的资料性概述要素。一般来说，由于标准内容很多、结构复杂时，可设目次。具体所列的内容是：前言，引言，章的编号、标题，条的编号、标题，附录编号，附录的性质、标题，附录章的编号、标题，参考文献，索引，图的编号、图题，表的编号、表题。注：术语和定义中的具体术语不在目次中出现。

目次为可选要素。为了显示标准的结构，方便查阅，设置目次是必要的。目次位于封面之后，用"目次"作标题。目次所列的各项内容和顺序为：

①前言；

②引言；

③章；

④带有标题的条（需要时列出）；

⑤附录；

⑥附录中的章（需要时列出）；

⑦附录中的带有标题的条（需要时列出）；

⑧参考文献；

⑨索引；

⑩图（需要时列出）；

⑪表（需要时列出）。

目次不应列出"术语和定义"一章中的术语,电子文本的目次应自动生成。

目次格式见图 2 - 2。目次中所列的前言、引言、章、附录、参考文献、索引等各占一行半。图或表的目次与其前面的内容均空一行编排。目次中所列的前言、引言、章、附录、参考文献、索引、图、表等均应顶格起排,第一层次的条以及附录的章均空一个汉字起排,第二层次的条以及附录的第一层次的条均空两个汉字起排,依此类推。

章、条、图、表的目次应给出编号,后跟完整的标题;附录的目次应给出附录编号,后跟附录的性质并加圆括号,其后为附录标题。章、条、图、表的编号以及附录的性质与其后面的标题之间应空一个汉字的间隙。前言、引言、各类标题、参考文献、索引与页码之间均用"……"连接。页码不加括号。

(三) 前言

前言为必备要素,不应包含要求和推荐,也不应包含公式、图和表。前言应位于目次(如果有)之后,用"前言"作标题。前言应视情况依次给出下列内容:

(1) 标准结构的说明。对于系列标准或分部分标准,在第一项标准或标准的第 1 部分中说明标准的预计结构;在系列标准的每一项标准或分部分标准的每一部分中列出所有已经发布或计划发布的其他标准或其他部分的名称。

(2) 标准编制所依据的起草规则,提及 GB/T 1.1—2009《标准化工作导则 第 1 部分:标准的结构和编写》。

(3) 标准代替的全部或部分其他文件的说明。给出被代替的标准(含修改单)或其他文件的编号和名称,列出与前一版本相比的主要技术变化。

(4) 与国际文件、国外文件关系的说明。以国外文件为基础形成的标准,可在前言中陈述与相应文件的关系。与国际文件的一致性程度为等同、修改或非等效的标准,应按照 GB/T 20000.2—2009《标准化工作指南 第 2 部分:采用国际标准》的有关规定陈述与对应国际文件的关系。

(5) 有关专利的说明。凡可能涉及专利的标准,如果尚未识别出涉及专利,则在标准的前言中应有如下内容:"请注意本文件的某些内容可能涉及专利。本文件的发布机构不承担识别这些专利的责任。"

(6) 标准的提出信息(可省略)或归口信息。如果标准由全国专业标准化技术委员会提出或归口,则应在相应技术委员会名称之后给出其国内代号,并加圆括号。使用下述适用的表述形式:①本标准由全国×××标准化技术委员会(SAC/TC ×××)提出。②本标准由×××提出。③本标准由全国×××标准化技术委员会(SAC/TC ×××)归口。④本标准由×××归口。

(7) 标准的起草单位和主要起草人。使用以下表述形式:①本标准起草单位:……。②本标准主要起草人:……。

GB/T ××××—××××

目　次

图2－2　目次格式

（8）标准所代替标准的历次版本发布情况。针对不同的文件，应将以上列项中的"本标准……"改为"GB/T ××××的本部分……""本部分……"或"本指导性技术文件……"。

（四）引言

引言为可选要素。引言位于前言之后，用"引言"作标题。如果需要，则给出标准技术内容的特殊信息或说明，以及编制该标准的原因。引言不应包括要求。

如果已经识别出标准涉及专利，则在引言中应有如下内容：

"本文件的发布机构提请注意，声明符合本文件时，可能涉及……［条］……与……［内容］……相关的专利的使用。

本文件的发布机构对于该专利的真实性、有效性和范围无任何立场。

该专利持有人已向本文件的发布机构保证，他愿意同任何申请人在合理且无歧视的条款和条件下，就专利授权许可进行谈判。该专利持有人的声明已在本文件的发布机构备案。相关信息可以通过以下联系方式获得：

专利持有人姓名：……

地址：……

请注意除上述专利外，本文件的某些内容仍可能涉及专利。本文件的发布机构不承担识别这些专利的责任。"

引言不应编号。当引言的内容需要分条时，应仅对条编号，编号为 0.1、0.2 等。如果引言中有图、表、公式或脚注，则应从引言开始使用阿拉伯数字从 1 开始编号。采用国际标准时，国际标准的引言应和正文一样对待，即将国际标准的引言转化为国家标准的引言。

前言和引言均应另起一面。

二、规范性一般要素编写

（一）标准名称

标准名称为必备要素，应处于范围之前。标准名称应简练并明确表示出标准的主题，使之与其他标准相区分。标准名称不应涉及不必要的细节。必要的补充说明应在范围中给出。

标准名称应由几个尽可能短的要素组成，其顺序由一般到特殊。通常，所使用的要素不多于下述三种：

①引导要素（可选）：表示标准所属的领域（可使用该标准的归口标准化技术委员会的名称）；

②主体要素（必备）：表示上述领域内标准所涉及的主要对象；

③补充要素（可选）：表示上述主要对象的特定方面，或给出区分该标准（或该部分）与其他标准（或其他部分）的细节。

标准名称的具体结构有以下三种形式：

①一段式：只有主体要素；

②二段式：引导要素 + 主体要素或主体要素 + 补充要素；

③三段式：引导要素 + 主体要素 + 补充要素。

1. 要素选择

（1）引导要素

如果没有引导要素，主体要素所表示的对象就不明确，则标准名称中应有引导要素。

【示例 2 - 8】

正　确：叉车　　钩式叉臂　　词汇；

不正确：　　　　钩式叉臂　　词汇。

如果主体要素（同补充要素一起）能确切地概括标准所论述的对象，则标准名称中应省略引导要素。

【示例 2 - 9】

正　确：　　　　工业用过硼酸钠　　容积密度测定；

不正确：化学品　工业用过硼酸钠　　容积密度测定。

（2）主体要素

标准名称中应有主体要素。

（3）补充要素

如果标准只包含主体要素所表示对象的一个或非常少的几个方面，则标准名称中应有补充要素。如果标准划分为部分，应使用补充要素区分和识别各个部分［每个部分的引导要素（如果有）和主体要素保持相同］。

【示例 2 - 10】

GB/T 17888.1　机械安全　进入机器和工业设备的固定设施　第 1 部分：进入两级平面之间的固定设施的选择；

GB/T 17888.2　机械安全　进入机器和工业设备的固定设施　第 2 部分：工作平台和通道。

如果标准包含主体要素所表示对象的几个（但不是全部）方面，则在标准名称的补充要素中，应由一般性的术语（如"规范"或"机械要求和测试方法"等）来表达这些方面，而无须一一列举。

如果标准同时具备以下两个条件，则标准名称中应省略补充要素：

①含主体要素所表示对象的所有基本方面；

②是有关该对象的唯一标准（而且拟继续保持）。

【示例 2 - 11】

正　确：咖啡研磨机；

不正确：咖啡研磨机　术语、符号、材料、尺寸、机械性能、额定值。

2. 限制范围

标准名称不应包含可能无意中限制标准范围的细节，避免无意中限制标准范围。然而，如果标准涉及一个特定类型的产品，则应在名称中反映出来。

【示例 2 - 12】

航天　1100 MPa/235℃级单耳自锁固定螺母。

3. 措辞

标准名称中表达相同概念的术语应保持一致。涉及术语的标准名称，只要可能，应使用下述表述方式：如果包含术语的定义，使用"……词汇"；如果只给出术语，使用"……术语集"。标准名称无须描述文件的类型，不应使用"……标准""……国家标准"或"……国家标准化指导性技术文件"等表述形式。

4. 英文译名

涉及试验方法的标准，只要可能其英文译名的表述方式应为："Test method"或"Determination of…"。应避免以下类似的表述："Method of testing""Method for the determination of…""Test code for the measurement of…""Test on…"。

如果标准名称中使用了"规范""规程""指南"等，则标准的技术要素的表述应符合"技术要素的表述"规定。

（二）范围

范围为必备要素，应置于标准正文的起始位置。范围应明确界定标准化对象和所涉及的各个方面，由此指明标准或其特定部分的适用界限。必要时，可指出标准不适用的界限。

如果标准分成若干个部分，则每个部分的范围只应界定该部分的标准化对象和所涉及的相关方面。

范围的陈述应简洁，以便能作内容提要使用。范围不应包含要求。

标准化对象的陈述应使用下列表述形式：

①本标准规定了……的尺寸、……的方法、……的特征；

②本标准确立了……的系统、……的一般原则；

③本标准给出了……的指南；

④本标准界定了……的术语。

标准适用性的陈述应使用下列表述形式：

①"本标准适用于……"；

②"本标准不适用于……"。

针对不同的文件，应将上述列项中的"本标准……"改为"GB/T ×××××的本部分……""本部分……"或"本指导性技术文件……"。

（三）规范性引用文件

1. 文件性质

在起草标准的过程中，经常会发现一些需要在标准中规定的内容在其他现行标准或文件中已经有所规定。如果现行标准或文件中内容适用，应直接引用这些内容，而不要再重新起草相关内容，也不要去重复抄录需要引用的具体内容。如果重复抄录其他文件已规定的内容，一方面会增加标准的篇幅，另一方面也可能由于抄写的错误造成标准之间的矛盾和不协调。

引用文件有两种情况：一种是规范性引用，另一种是资料性引用。

"规范性引用"是指标准引用了某文件或文件的条款后，这些文件或条款即构成了标准整体不可分割的一部分，所引用的文件或文件条款与本标准的规范性要素具有同等的效力。也就是说要想符合标准，既要遵守标准中的规范性内容，又要遵守标准中引用的其他文件或文件条款的内容。规范性引用的文件应在"规范性引用文件"一章中列出。

除规范性引用的文件外，标准中还可能提及一些文件，但这些文件的内容并不构成标准的内容，而只是提供一些供参考的信息或资料。这些文件的引用又称为"资料性引用"。资料性引用文件不应放在标准的规范性引用文件一章内，而应放在标准的附录后面，列入"参考文献"中。

规范性引用文件为可选要素，它应列出标准中规范性引用其他文件的文件清单，这些文件经过标准条文的引用后，成为标准应用时必不可少的文件。

2. 引用形式

（1）注日期的引用文件

注日期的引用文件是指引用指定的版本。凡是注日期的引用文件，意味着只使用所注日期的版本，以后出版的新版本和修改单中修改后的内容均不适用。对于标准条文中注日期引用的文件，在规范性引用文件一章所列的文件清单中，应给出版本号或年号（引用标准时，给出标准代号、顺序号和年号）以及完整的标准名称。

凡引用了被引用文件中的具体章或条、附录、图或表的编号，均应注日期。

对于注日期引用，如果随后被引用的文件有修改单或修订版，适用时，引用这些文件的标准可发布其本身的修改单，以便引用被引用文件的修改单或修订版的内容。

注日期引用时，使用下列表述方式：

①"……GB/T 2423.1—2001 给出了相应的试验方法……"（注日期引用其他标准的特定部分）；

②"……遵守 GB/T 16900—2008 第 5 章……"（注日期引用其他标准中具体的章）；

③"……应符合 GB/T 10001.1—2006 表 1 中规定的……"（注日期引用其他标准的特定部分中具体的表）。

引用其他文件中的段或列项中无编号的项，使用下列表述方式：

①"……按 GB/T ××××—2005，3.1 中第二段的规定"；

②"……按 GB/T ××××—2003，4.2 中列项的第二项规定"；

③"……按 GB/T ××××.1—2006，5.2 中第二个列项的第三项规定"。

（2）不注日期的引用文件

不注日期的引用文件是指引用文件的最新版本（包括所有的修改单），意味着所引用的文件无论何时修订，其最新版本仍然适用于引用它的标准。对于标准条文中不注日期引用的文件，在规范性引用文件一章所列的文件清单中，不应给出版本号或年号。不注日期引用一项由多个部分组成的标准时，应在标准顺序号后标明"（所有部分）"及其标准名称中的相同部分，即引导要素（如果有）和主体要素。

对于规范性的引用，根据引用某文件的目的，在可接受该文件将来的所有改变时，才可不注日期引用文件。为此，引用时应引用完整的文件（包括标准的某个部分），或者不提及被引用文件中的具体章或条、附录、图或表的编号。

对于资料性的引用，只要引用完整的文件（包括标准的某个部分），或者不提及被引用文件中的具体章或条、附录、图或表的编号，即可不注日期。

不注日期引用时，使用下列表述方式：

① "……按 GB/T 4457.4 和 GB/T 4458 规定的……"；

② "……参见 GB/T 16273……"。

3. 文件内容

规范性引用文件的内容，原则上应是国家标准、行业标准、国家标准化指导性技术文件或国际标准。然而其他正式出版的文件，只要经过相关标准（即需引用这些文件的标准）的归口标准化技术委员会或该标准规范性引用文件的引用形式的审查会议，确认符合下列条件，则允许以规范性方式加以引用：

①有广泛可接受性和权威性，并且能够公开获得；

②作者或出版者（知道时）已经同意该文件被引用，并且当函索时，能从作者或出版者那里得到这些文件；

③作者或出版者（知道时）已经同意，将他们修订该文件的打算以及修订所涉及的要点及时通知相关标准的归口标准化技术委员会或归口单位。

引用其他文件可注日期，也可不注日期。标准中所有被规范性引用的文件，无论是注日期，还是不注日期，均应在"规范性引用文件"一章中列出。标准中被资料性引用的文件，如需要，宜在"参考文献"中列出。在标准条文中，规范性引用文件和资料性引用文件的表述应明确区分。

4. 文件排序

文件清单中规范性引用文件的排序，对于有规范性引用文件的标准来说，只有该标准文本是不能正常使用该标准的，只有同时具备规范性引用的所有文件，才能无障碍地使用该标准。因此，将规范性引用的文件以文件清单的形式清晰列出，将更有利于标准使用。文件清单中引用文件的排列顺序为：国家标准（含国家标准化指导性技术文件）、行业标准、地方标准（仅适用于地方标准的编写）、国内有关文件、国际标准（含 ISO 标准、IEC 标准、ISO/IEC 标准）、ISO 或 IEC 有关文件、其他国际标准以及其他国际有关文件。国家标准、国际标准按标准顺序号排列；行业标准、地方标准、其他国际标准先按标准代号的拉丁字母和（或）阿拉伯数字的顺序排列，再按标准顺序号排列。

第二章 标准制定与编写

文件清单不应包含：

①不能公开获得的文件；

②资料性引用文件；

③标准编制过程中参考过的文件。

上述文件根据需要可列入参考文献。

5. 引导语

规范性引用文件清单应由下述引导语引出："下列文件对于本文件的应用是必不可少的。凡是注日期的引用文件，仅注日期的版本适用于本文件。凡是不注日期的引用文件，其最新版本（包括所有的修改单）适用于本文件。"

6. 编排格式

规范性引用文件中所列文件均应空两个汉字起排，回行时顶格编排，每个文件之后不加标点符号。所列标准的编号与标准名称之间空一个汉字的间隙。

7. 注意问题

（1）规范性引用文件是在标准条款中被引用，并且被规范性引用。应注意不要将标准起草过程中参考过的标准、文件列入规范性引用文件之中，也不要把资料性引用文件列入规范性引用文件中。

（2）用摘抄的形式将引用的内容已抄录到标准中，则不应将被抄录的标准列入规范性引用文件。

（3）不要引用正在起草的准备阶段的草案。在一系列标准或标准的不同部分同时由一个工作组起草的情况下，可考虑相互引用标准草案。但要保证这些标准草案能同时报批，等到这些标准正式批准发布时，所引用的标准应都有标准编号，也即成为正式的标准。

（4）国家标准、行业标准、地方标准不能引用企业标准。

（5）引用的文件应是最新版本的，不引用已被代替或废止的文件。

（6）在标准中不应引用下列文件：法律法规、规章和其他政策性文件；宜在合同中引用的管理、制造和过程类文件；含有限制竞争的专用设计方案或属于某企业所有的文件。

（7）不注日期引用一项由多个部分组成的标准时，应在标准顺序号后标明"（所有部分）"及其标准名称中的相同部分，即引导要素（如果有）和主体要素。如果是注日期引用一项标准的所有部分，在这些部分是同一年发布的情况下，可列出标准顺序号、起始部分的编号、年号以及标准的通用名称，即引导要素和主体要素。如果是注日期引用一项标准的所有部分，而这些部分不是在同一年发布的，则需要分别列出这些文件。

（8）凡起草与国际文件存在一致性程度的我国标准，在其规范性引用文件清单所列的标准中，如果某些标准与国际文件存在着一致性程度，则应按照 GB/T 20000.2—2009《标准化工作指南　第 2 部分：采用国际标准》的规定，标示这些标准与相应国际文件的一致性程度标识。

（9）文件清单中，如列出国际标准、国外标准，应在标准编号后给出标准名称的中文译名，并在其后的圆括号中给出原文名称；列出非标准类文件的方法应符合 GB/T 7714—2015《文后参考文献著录规则》的规定。

（10）如果引用的文件可在线获得，宜提供详细的获取和访问路径。应给出被引用文件的完整的网址。为了保证溯源性，宜提供源网址。

三、规范性技术要素编写

规范性技术要素是标准的主体要素，是标准的核心，其内容反映各个标准的特性要求。标准的特性要求主要通过规范性技术要素中的组成要素来体现并与其标准化对象相适应。

食品产品标准的规范性技术要素的内容构成有术语和定义、符号和缩略语、产品分类、要求、抽样、试验方法、检验规则、标志、标签和包装、运输、贮存及规范性附录等。每一项标准的规范性技术要素不一定包括以上的全部内容，可以根据标准化对象的特征和制定标准的目的来合理调整编排顺序。规范性技术要素中的要求、抽样和试验方法是产品标准中相互关联的要素，必须考虑其综合协调性。

（一）术语和定义

术语和定义在食品标准中是可选要素，它仅给出为理解标准中某些术语所必需的定义。术语宜按照概念层级进行分类和编排，分类的结果和排列顺序应由术语的条目编号来明确，应给每个术语一个条目编号。

对某概念建立有关术语和定义以前，应查找在其他标准中是否已经为该概念建立了术语和定义。如果已经建立，宜引用定义该概念的标准，不必重复定义；如果没有建立，则"术语和定义"一章中，只应定义标准中所使用的并且是属于标准的范围所覆盖的概念，以及有助于理解这些定义的附加概念；如果标准中使用了属于标准范围之外的术语，可在标准中说明其含义，而不宜在"术语和定义"一章中给出该术语及其定义。

如果确有必要重复某术语已经标准化的定义，则应标明该定义出自的标准。如果不得不改写已经标准化的定义，则应加注说明。

在企业标准的编制过程中，一般很少使用术语和定义，只有在制定行业标准级别以上的标准时才制定术语和定义。

【示例 2 – 13】

3.2

　　规程　code of practice
　　为产品、过程或服务全生命周期的有关阶段推荐良好惯例或程序的文件
　　［GB/T 20000.1—2014，定义 5.6］

注：GB/T 20000.1—2014《标准化工作指南　第 1 部分：标准化和相关活动的通用术语》。

【示例2－14】

> 3.3
>
> 　　规范性文件的采用　adoption of a normative document
>
> 　　某一机构以另一机构的规范性文件为基础编制并说明和标示了两个文件之间差异的规范性文件的发布，或者某一机构将另一机构的规范性文件作为与本机构文件具有同等地位的签署认可行为。
>
> 　　[GB/T 20000.1—2014，定义12.1]

　　定义既不应包含要求，也不应写成要求的形式。定义的表述宜能在上下文中代替其术语。附加的信息应以示例或注的形式给出。适用于量的单位的信息应在注中给出。

　　术语条目应包括：条目编号、术语、英文对应词、定义。根据需要可增加：符号、概念的其他表述方式（如公式、图等）、示例、注等。

　　术语条目应由下述适当的引导语引出：

　　①仅仅为标准中界定的术语和定义适用时，使用："下列术语和定义适用于本文件"；

　　②其他文件界定的术语和定义也适用时，使用："……界定的以及下列术语和定义适用于本文件"；

　　③仅仅其他文件界定的术语和定义适用时，使用："……界定的术语和定义适用于本文件"。

　　标准中的"术语和定义"一章不应采用表的形式编排。除条目编号外，其余各项均应另行空两个汉字起排，并按下列顺序给出：

　　①条目编号（黑体）顶格编排；

　　②术语（黑体）后空一个汉字的间隙接排英文对应词（黑体），英文对应词的第一个字母小写（除非原文本身要求大写）；

　　③符号；

　　④术语的定义或说明，回行时顶格编排；

　　⑤概念的其他表述形式；

　　⑥示例；

　　⑦注。

（二）符号、代号和缩略语

　　符号、代号和缩略语为可选要素，它给出为理解标准所必需的符号、代号和缩略语清单。符号是表达一定事物或概念，具有简化特征的视觉形象，分为图形符号和文字符号两类。图形符号是以图形为主要特征，信息传递不依赖于语言的符号。文字符号，又称文字代号，是由字母、数字、汉字或其组合形成的符号。

　　为了便于标准的使用者对标准中的某些符号、代号和缩略语有共同的理解，在编写标准时，将它们集中进行解释或说明。

对于适用于较广范围的符号，为了方便引用，常常是将它们编制成单独的标准或标准的单独部分。只有符号只在一项标准内或部分内适用时，才将它们编制在标准的一章中。但缩略语，一般不能编制成一项独立的标准，只能编制在标准的一章中。

符号、代号和缩略语为可选要素。如果标准中没有需要解释的符号、代号和缩略语，则不需要编制"符号、代号和缩略语"一章。

根据符号、代号和缩略语的多少，在标准中可将"符号、代号和缩略语"合为一章，也可以将它们分章表述。一般应列在"术语和定义"一章之后。

除非为了反映技术准则需要以特定次序列出所有符号外，代号和缩略语宜按以下次序以字母顺序列出：

①大写拉丁字母置于小写拉丁字母之前（A、a、B、b 等）；

②无角标的字母置于有角标的字母之前，有字母角标的字母置于有数字角标的字母之前（B、b、C、C_m、C_2、c、d、d_{ext}、d_{int}、d_l 等）；

③希腊字母置于拉丁字母之后（Z、z、A、α、B、β、$\cdots\Lambda$、λ 等）；

④其他特殊符号和文字。

如果标准中未给出缩略语清单，则在标准的条文中第一次出现某缩略语时，应先给出完整的中文词语或术语，在其后的圆括号中给出缩略语，以后则使用该缩略语。

应慎重使用由拉丁字母组成的缩略语，只有在不引起混淆的情况下才使用。仅仅在标准中随后需要多次使用某缩略语时，才应规定该缩略语。

一般的原则为，缩略语由大写拉丁字母组成，每个字母后面没有下脚点（如：DNA）。特殊情况下，来源于字词首字母的缩略语由小写拉丁字母组成，每个字母后有一个下脚点（如：a. c. ）。

在符号、代号和缩略语具体内容少的情况下，为了方便，该要素可与要素"术语和定义"合并，可将术语和定义、符号、代号、缩略语以及量的单位放在一个复合标题之下。

（三）要求

要求是指标准中表达应遵守的规定的条款。要求要素是规范性技术要素中的核心内容。标准的种类不同，标准的对象不同，其具体包含的内容也有较大的差异。在产品质量标准中，要求一般作为一章列出，根据产品的实际情况再分为条；而在其他标准中可以分为一章或若干章，然后再分别列出具体的特性内容。

要求为可选要素，它应包含下述内容：

①直接或以引用方式给出标准涉及的产品、过程或服务等方面的所有特性；

②可量化特性所要求的极限值；

③针对每个要求，引用测定或检验特性值的试验方法，或者直接规定试验方法。

1. 选择原则

在选择产品标准各项要求要素时，要求要素的选择应遵循以下原则。

（1）目的性原则

任何产品都有许多特性，但是不可能也不必要把全部的特性都写入一项标准之中。特性的选择取决于编制标准的目的，对于产品标准来讲，最重要的目的是要保证产品的适用性。制定产品标准，除保证产品适用性的目的外，还包括促进相互理解和交流，保证健康和安全、保护环境或促进资源合理利用，控制接口，实现互换性、兼容性或相互配合以及品种控制等。这些目的可以交叉重叠，在标准中通常不需要为每项要求指明是为了何种目的，必要时可在引言中作简要说明。在编制食品产品标准时，应优先考虑涉及健康和安全的要求。

（2）性能特性原则

选择产品的技术要求时，应尽可能根据产品的性能特性参数来规定要求，而不用设计和描述特性来表达，这种方法给技术发展留有最大的余地。所谓性能特性就是指产品的使用功能，是那些在使用时才显示出来的特征。只要有可能，标准中首先应包括各使用者均能接受的特性。如果采用性能特性的表述方式，要注意保证性能要求中不疏漏重要的特征。

当无法用性能特性或用性能特性不足以表达产品的适用性时，也可以用描述特性来表达，描述特性是指产品的具体特征，是那些在实物上或图纸上显示出来的特征。如：大小规格、形态、色泽、气味等。

产品标准通常不包括对产品生产过程的具体要求，常常作为终产品检验的依据。

（3）可证实性原则

不论产品标准的目的如何，只应列入那些能被证实或可检验的技术要求。如果没有一种试验方法或测量方法在较短的时间内检验产品的技术要求合格与否，则不应规定这些要求。

（4）要求量化原则

食品产品标准中的要求应定量并使用明确的数值来表示。不应仅使用定性的表述，如"足够坚固"或"适当的强度"等。定量表示的技术要求，应在标准中规定其标称值（或额定值）。可同时给出其允许偏差或极限值，通常每个特性只规定一个极限值。当产品有多个使用类型或等级时，则一个特性需要根据不同的用途，规定不同的极限值，但每个极限值应与适应的用途一一对应。

极限值反映产品应达到的实际质量水平，应根据产品预定功能和用户的要求以及国家有关标准或法律法规的规定要求，以取得最佳的经济和社会效益。极限值根据产品的需要可以通过给定下限值和（或）上限值，或者用给出标称值（或额定值）及其偏差等方式来表达。极限值的有效位数应全部给出，它表示的精确度应能保证产品的应有性能和质量水平，从而也规定了为实际产品检验而得到的测量值或计算值应该具有的相应的精确度。

2. 要求内容

食品的种类繁多、特性各异，一项标准不可能把食品所有的特性都表达出来。但作为食品，功能性、安全性和嗜好性是最基本、最重要的特性。食品产品标准的要求通常要通过性能特性和描述特性共同来表达，食品的性能特性主要是指食品的营养成分指标、功能成分指标、安全成分指标和微生物学指标等；食品的描述性特性指的是食品的外观、组织形态、色泽、风味等。食品的性能特性一般容易量化，而描述性特性则大部分不易量化。

食品产品标准要求的内容主要包括以下几方面：

（1）原材料要求

对原材料的要求一般不列入产品标准中，为了保证产品质量和安全要求必须指定原材料，且原材料有现行的标准时，应该引用现行标准，且规定应使用性能不低于有关标准规定的原材料。如果没有现行标准，则可以在规范性附录中对原材料的性能特性做出具体规定。

（2）感官要求

为表达食品的嗜好性，应对食品的外形、色泽、气味、滋味和组织形态等做出明确的规定。

（3）理化要求

应对食品的物理量化指标、营养成分指标、功能成分指标、安全成分指标做出明确规定。如：比体积、密度、粒度、水分、固形物含量、灰分、酸度、总糖、蛋白质、添加剂、重金属、农药残留等。

（4）微生物要求

应对食品中的微生物做出明确的限量规定。

标准的技术要求内容应反映产品达到的质量水平，也是企业组织产品生产和供用户选择产品的主要依据。对企业产品标准而言，一般鼓励所列技术指标要求高于现行同类产品的国家标准、行业标准规定的技术指标要求。有害微生物指标和有害有毒成分指标必须严于国家强制性标准。

要求的表述应与陈述和推荐的表述有明显的区别。该要素中不应包含有关索赔、担保、费用结算等合同要求和法律或法规的要求。在某些产品标准中，可能需要规定应随产品附带的提供给使用者和安装者的警示或者说明书，并规定其性质。由于这些使用或安装要求并不是适用于产品本身的要求，因此，可将其纳入一个单独的部分或一项单独的标准中。

"要求"这一章的条款编排顺序，要求尽可能地与试验方法或者检验规则一章中检验项目的先后顺序协调一致，以便于引用和对照。当与要求对应的试验方法内容较为简单时，允许将"试验方法"要素并入"要求"要素中。章的标题为"要求与试验方法"。

（四）分类、标记和编码

分类、标记和编码为可选要素，它可为符合规定要求的产品、过程或服务建立一个分类、标记和（或）编码体系。为了便于标准的编写，该要素也可并入要求。

（五）抽样

抽样用于规定抽样（取样、采样）的条件和方法，以及样品保存方法。一个产品是否符合相应标准的技术要求是通过试验取得的供进行技术比较的特性值。每次试验可以得到一个试验结果，原则上讲这个试验结果就是针对被试样品的。而像食品这类样品，试验完成后就不存在了，因此不能要求逐个进行试验，只能通过抽样试验，并应用统计方法原理，用样品测试获得的结果来评价它所代表的群体。

抽样又称为采样、取样，即指从一大批成品中取出一小部分作为"实验样品"，供实验测试用的过程。

为了保证样本与总体的一致性，最大限度降低产生产品质量误判的风险，在标准抽样要素中，应考虑以下内容：

①根据需要应规定抽样的条件，如时效性、干燥条件、过筛条件等；

②根据需要应规定抽样方法，如四分法、随机数法等；

③对易挥发或易变质的样品，还应规定样品贮存容器、保管条件或保存期限等；

④必要时应规定抽取样品的数量。

抽样是标准的可选要素，是食品产品标准中规范性技术要素应包含的一章内容。抽样一般应排在试验方法之前，因为试验（检测）的结果能否代表一批产品与抽样有直接关系。也可将抽样一章合并到检验规则或试验方法中，只要能保证抽取的样品与成品之间的一致性，满足接收还是拒收的判定规则就可以。

抽样要素所涉及的内容，仅作为测试标准中某一项的特性值是否符合标准的要求而抽取样品，并对样品按照规定的试验方法或测量方法进行测试，依据测试结果做出合格与否的判定，而不涉及产品整批质量合格与否的判定。

（六）试验方法

试验方法是标准中的可选要素。对产品技术要求进行试验、测定、检查的方法统称为试验方法。试验方法是测定产品特性值是否符合规定要求的方法，并对测试条件、设备、方法、步骤及对测试结果进行数据统计处理等做出统一规定。根据具体标准的情况，试验方法要素的标准类型有以下几种：

①作为一项标准的独立一章；

②作为一项标准的规范性附录或推荐性附录（适用于推荐性试验方法）；

③作为一项标准的独立部分；

④作为一项单独的标准（试验方法有可能被若干其他标准所引用）；

⑤在试验方法内容比较简单的情况下，并入要求要素一章之中，章标题改为"要求和试验方法"。

适合的情况下，有关试验方法的细节可按下列顺序给出：

①方法原理概要；

②试剂或材料的要求；

③试验仪器设备及其具体要求；

④试验装置；

⑤试样及其制备方法；

⑥试验程序；

⑦试验结果的计算和评定；

⑧测量不确定度或允许误差等。

编写试验方法应与技术要求的条文相互对应。一般情况下，一项技术要求只规定一种试验方法。如果规定两种试验方法时，应同时规定其换算公式。如果一个特性存在多种适用的试验方法，原则上标准中只能列入一种试验方法。如果因为某种理由，标准需要列出几种方法，则标准应指明仲裁法，以解决怀疑或争端。

对于食品来讲，是在一份样品上进行若干项试验的，而各项试验的先后顺序有可能对结果造成影响，因此在编制试验方法时，应认真考虑各项试验的先后顺序。当然，在要求一章特性指标编排时，也要考虑与试验方法相一致。

已有国家标准或行业标准的试验方法的，地方标准或企业标准应优先采用，特别是强制性标准规定的试验方法。首先考虑已发布的有关国家标准试验方法，如果没有国家标准再引用行业标准的试验方法，在特殊条件下，可以根据有关要求制定新的测定方法。如果内容太长，可以将该方法用规范性附录的形式给出。

在规定试验用仪器、设备时，一般情况下不应规定制造厂或其商标名称，只需要规定仪器、设备名称及其精度和性能要求，标准中规定的计量器具应具有可溯源性，也就是说仪器设备应在国家规定的有效检定周期之内。

如果标准规定的试验方法涉及使用危险的物品、仪器或过程，则该标准应包括一般警示用语和特殊警示用语，并提出严格的预防措施和规定。

（七）检验规则

检验规则也称合格评定程序，是对产品试样和正式生产中的成品进行各种试验的规则。它是考核和测定产品是否符合标准而采取的一种方法和手段，也是产品制造部门和用户判定产品是否合格所共同遵守的基本准则。

检验规则一般在产品质量标准中以独立一章来编写，但对于检验规则比较简单的，可并入试验方法一章，这时章的名称可以称为"试验方法与检验规则"。

1. 内容

检验规则的内容包括：

①检验分类；

②每类检验所包含的试验项目；

③产品组批规则；

④判定规则和检验结果的复验规则等。也可把抽样一章放入检验规则里。

2. 检验分类

产品检验分出厂检验和型式检验两类。

（1）出厂检验

又称交收检验。产品出厂交货前必须进行的各项试验统称为出厂检验。产品经出厂检验合格后，才能作为合格品交货出厂。标准中应明确写出出厂检验的项目清单。出厂检验的具体项目由生产者或接收方确定。

（2）型式检验

又称例型试验，要求对产品质量进行全面考核，即对标准中规定的技术要求的全部项目进行检验，特殊情况下，可以增加检验项目。型式检验一般要求在下列情况下进行：

①新产品或老产品转厂生产的试制定型鉴定；

②正式生产后，如原材料、工艺有较大改变，可能影响产品质量时；

③产品生产中定期、定量的周期性考核；

④产品长期停产后，恢复生产时；

⑤出厂检验结果与上一次型式检验有较大差异时；

⑥国家质量技术监督部门提出型式检验的要求时；

⑦必要时做型式试验。

3. 组批规则

组批规则是依据产品的特点和供需双方的约定确定的。组批规则需要规定的内容主要包括：组批条件、批量、组批方法等。一般规定同一班次、同一生产线、同一规格或品种的产品为一批，或同一时段、同一原料、同一生产线、同一规格或品种的产品为一批。批量可根据抽样方案确定。

4. 判定规则

判定规则是判定一批产品是否合格的条件。对每一类检验均应规定判定规则。复验规则是根据产品特点对第一次检验不合格的项目再次提出检验，并规定复验规则，根据复验结果再进行综合判定。根据食品的特点，有些检验项目是不能复验的，特别是微生物指标，应规定不能复验。在标准中，还可规定对检验结果提出异议和进行仲裁检验的规则。

（八）标志、标签与包装

标志、标签和包装是标准中的可选要素。编写这一部分的主要目的是为了在贮存和运输过程中，保证产品质量不受危害和损失以及发生混淆。

1. 产品标志

产品的"标识"，是用于识别产品及其质量、数量、特征、特性和使用方法所作的各种标识的统称，它包括图形、文字和符号。

标志包含的内容很多，含义各不相同，有的体现在产品的标签上，有的体现在产品的说明书上，有的体现在产品的包装上。我国的法律文件和强制性标准对产品或其包装上的标志都作了严格规定，如《中华人民共和国产品质量法》《中华人民共和国消费者权益保护法》。对于食品来说，还必须执行 GB 7718—2011《食品安全国家标准　预包装食品标签通则》、GB 13432—2013《食品安全国家标准　预包装特殊膳食用食品标签》、GB 28050—2011《食

品安全国家标准　预包装食品营养标签通则》、GB/T 30643—2014《食品接触材料及制品标签通则》等，一般情况下直接引用这些标准就可以了。对有特殊要求的食品，可在标准中列出标签或包装物上应标注的内容。出口食品的标志应符合进口国相应的法规要求，原产地的定义应符合国家有关规定。裸装的食品可以不附加产品标志或标签。

食品标签和包装物上标志是根据食品的特点，将有关法律文件和强制性标准的原则要求的具体化，其内容主要有：

①产品名称与商标；

②产品规格、净含量；

③执行的产品标准编号；

④生产日期或批号、保质期（安全使用期或失效日期）；

⑤配料表、产品主要成分及含量；

⑥质量等级；

⑦适用人群及食用方法；

⑧商品条码；

⑨产品产地、生产企业名称、详细地址、邮政编码及电话号码；

⑩生产许可证标记和编号；

⑪其他需要标志的事项，如质量体系认证合格标志、无公害农产品标志、绿色食品标志、有机产品标志、企业食品生产许可标志等。

2. 标签和包装

标签和包装是标志的载体。如使用标签，应规定标签的特性与形式及如何拴系或粘贴。

食品的包装与食品的质量和安全有直接关系，是保证食品质量的重要环节，包装必须满足食品生产企业卫生规范中的基本要求。国家标准或行业标准中，对包装环境、包装物、包装方法已有规定的，应当引用现成的国家标准或行业标准。没有标准的，企业可以制定单独的标准，也可在一项产品标准中规定包装材料、包装形式以及对包装的试验等。为了防止产品受到损失，防止危害人类与环境安全，食品均需要包装，在标准中均应对包装做出具体的规定或引用有关的包装标准。

产品包装应实用、方便、成本低、有利于环境保护，其基本内容包括：

①包装技术和方法说明产品采用何种包装（如盒装、箱装、罐装、瓶装等）等；

②包装材料和要求说明采用何种性能的包装材料；

③对内装物的要求说明规定内装物的包装量和摆放方式等。

（九）储存与运输

储运是产品检验合格入库经销售到消费者手中的中间过程，这一过程要保证产品质量不出问题。在运输方面有特殊要求的产品，标准中应规定运输要求。运输要求一般包括以下基本内容：

①运输方式;

②运输条件:主要规定运输时的要求,如车厢的温度、遮盖、密封等,以及运输过程中可能造成影响的其他因素;

③运输过程注意事项:主要是对装、卸、运方面的特殊要求等。储存是对食品等产品在储存方面应作出规定,如储存场所、储存条件、储存方式、储存期限等。需要时,可在产品标志中加以标注。

(十) 规范性附录

附录是标准层次的表现形式之一,是标准的可选要素。标准的附录不是独立存在的,它是和标准的正文紧密联系在一起的。如果需要设置附录,应在标准的正文中提及附录,否则设置附录就失去意义。

标准中的附录根据性质分为规范性附录和资料性附录。规范性附录的使用,主要是为了突出标准的主要内容,使标准的整体结构更为合理,层次更清楚。在编写某一标准时,如果认为对标准中的一些重要条款需要作进一步的解释和说明,而解释和说明的篇幅又很大,不适合放在标准的某一章节中时,就可以把它编写成规范性附录的形式放在标准的最后,而在章节中用一句话引出有关附录就可以了。

规范性附录用于给出标准正文的附加或补充条款,从而成为技术标准不可分割的一部分,与正文具有同等效力。在规范性附录中对标准中的条款可进一步细化和补充。

规范性附录的规范性性质(相对资料性附录而言)应通过下述方式加以明确:

①条文中提及时的措辞方式,例如"符合附录 A 的规定""见附录 C"等;

②目次中和附录编号下方标明。

(十一) 图表

1. 图

图是表达标准技术内容的重要手段之一。在适当的条件下,用图表达标准的技术内容可以达到简明直观的效果,更便于标准的理解。在标准中,通常用图来反映标准化对象的结构形式、形状、工艺流程、工作程序和组织机构等。每幅图在标准条文中均应明确提及。

(1) 编号

每幅图均应有编号。图的编号由"图"和从 1 开始的阿拉伯数字组成,例如"图 1""图 2"等。只有一幅图时,仍应给出编号"图 1"。图的编号从引言开始一直连续到附录之前。图的编号与章、条、段和表的编号无关。

附录中图的编号应在阿拉伯数字之前加上标识该附录的字母,字母后跟下脚点,例如:"图 A.1"。

(2) 图题

图题就是图的名称。标准中的图有无标题均可,但在一项标准中有无图题必须统一。图题应位于编号之后。图的编号和图题应置于图的下方居中位置。

如果某幅图需要转页接排，在随后接排该图的各页上应重复图的编号、图题（可选）和"（续）"：图×（续）。续图均应重复关于单位的陈述。

（3）图注脚注

图注应区别于条文的注。图注应位于图题之上及图的脚注之前。图中只有一个注时，应在注的第一行文字前标明"注："。同一幅图中有多个注时，应标明"注1：""注2：""注3："等。每幅图的图注应单独编号。

图注不应包含要求或对于标准的应用是必不可少的任何信息。关于图的内容的任何要求应在条文、图的脚注或图和图题之间的段中给出。

图的脚注应区别于条文的脚注。它位于图题之上，并紧跟图注。图的脚注应使用上标的形式的小写拉丁字母从"a"开始对图的脚注进行编号，即"a""b""c"等。在图中需注释的位置应以相同上标形式的小写拉丁字母标明图的脚注。每幅图的脚注应单独编号。

图的脚注可以包含要求。因此起草图的脚注的内容时，应使用表2-4～表2-7中适当的助动词，以明确区分不同类型的条款。

2. 表

表也是表达技术标准内容的重要手段之一。在适当的情况下，用表来表达标准的技术内容可以达到简明、容易对比的效果，更有利于标准的理解。表在标准中应用十分广泛。在标准中，通常用来表达标准化对象的技术指标、参数、统计分析、分类对比等。每个表在条文中均应明确提及。不准许表中有表，也不准许将表再分为次级表。

（1）编号

每个表均应有编号。表的编号由"表"和从1开始的阿拉伯数字组成。例如"表1""表2"等，表的编号应一直连续到附录之前。表的编号应与章、条和图的编号无关。只有一个表时，也应编号为"表1"。每个附录中表的编号均应从1开始，编号前加上附录编号中表明顺序的大写字母，字母后跟下脚点，如：附录B中的表B.1、表B.2等表示。

（2）编排

表题即表的名称。每个表有无表题均可，但在一项标准中有无表题应该统一。表题应置于表的编号之后，表的编号和表题应位于表上方的居中位置（示例2-15）。

【示例2-15】

表× 表题

类型	线密度/（kg/m）	内圈直径/mm	外圈直径/mm

每个表应有表头。表栏中使用的单位一般应置于相应栏的表头中量的名称之下。适用时，表头中可用量和单位的符号表示（示例2-16）。需要时，可在提及表的陈述中或在表

注中对相应的符号予以解释。

【示例 2 –16】

类型	$\rho_1/$（kg/m）	d/mm	D/mm

如果表中所有单位均相同，宜在表的右上方用一句适当的陈述（例如"单位为毫米"）代替各栏中的单位（示例 2 –17）。

【示例 2 –17】

单位为毫米

类型	长度	内圈直径	外圈直径

不允许使用斜线区分栏目项目名称（示例 2 –18）。正确表头的形式如示例 2 –19 所示。

【示例 2 –18】

尺寸＼类型	A	B	C

【示例 2 –19】

尺寸	类型		
	A	B	C

如果某个表需要转页接排，则随后接排该表的各页上应重复表的编号、表题（可选）和"（续）"：表×（续）。续表均应重复表头和关于单位的陈述。

（3）表注

表注应区别于条文中的注。表注位于有关表格中及表的脚注之前。表中只有一个注时，应在注的第一行文字前标明"注"。同一个表中有多个注时，应标明"注1""注2"等。每一个表中的注应单独编号（示例 2 –20）。

【示例 2−20】

单位为毫米

类型	长度	内圈直径	外圈直径
	l_1^a	d_1	
	l_2	$d_1^{b,c}$	

段（可包含要求）
注 1：表注的内容
注 2：表注的内容

^{a}表的脚注的内容
^{b}表的脚注的内容
^{c}表的脚注的内容

表注不应包含要求或对于标准的应用是必不可少的任何信息。关于表的内容的任何要求应在条文、表的脚注或表内的段中给出。

（4）脚注

表的脚注应区别于条文的脚注。表的脚注应置于表中，并紧跟表注。应用上标形式的小写拉丁字母从"a"开始对表的脚注进行编号，即"a""b""c"等。在表中需注释的位置应以相同的上标形式的小写拉丁字母标明表的脚注。每个表的脚注应单独编号。

表的脚注可包含要求。因此，起草表的脚注的内容时，应使用表 2−4～表 2−7 适当的助动词，以明确区分不同类型的条款。

3. 图表编排

每幅图与其前面的条文，每个表与其后面的条文均宜空一行。图题和表题均应置于其编号之后，与编号之间空一个汉字的间隙。

图的编号和图题应置于图的下方，占两行居中；表的编号和表题应置于表的上方，占两行居中。表的外框线、表头的下框线、表注和（或）表内的段的上框线均应为粗实线，仅有表的脚注时其上框线也为粗实线。

4. 注的编排

标明注、图注和表注的"注:"或"注×:"均应另起一行空两个汉字起排，其后接排注的内容，回行时与注的内容的文字位置左对齐。

脚注编号应另起一行空两个汉字起排，其后脚注内容的文字以及文字回行均应置于距版心左边 5 个汉字的位置。

图的脚注编号应另起一行空两个汉字起排，其后脚注内容的文字以及文字回行均应置于距版心左边 5 个汉字的位置。

表的脚注编号应另起一行空两个汉字起排，其后脚注内容的文字以及文字回行均应置于

距表的左框线 5 个汉字的位置。

四、资料性补充要素编写

（一）资料性附录

资料性附录为可选要素，它给出有助于理解或使用标准的附加信息。在编写标准的某一条款时，如果有必要对该条款作一些解释或说明，一般采用"注"的方式表达。但当要解释或说明的内容较多、篇幅较大时，使用"注"的形式表达就不太合适，而采用资料性附录的形式表达则更恰当。

资料性附录可包含可选要求，例如，一个可选的试验方法可包含要求，但在声明符合标准时，并不需要符合这些要求。除此之外，该要素不应包含要求。

附录的资料性的性质（相对规范性附录而言）应通过下述方式加以明确：

①条文中提及时的措辞方式，如"参见附录 B"；

②目次中和附录编号下方标明（见本章第三节"附录"）。

（二）参考文献和索引

1. 参考文献

参考文献为可选要素，如果有参考文献，则应置于最后一个附录之后。参考文献应提供识别和查询出处的充分信息。参考文献引用原文时应直接使用原文，无须翻译。

标准中参考文献可包括：

（1）标准编制过程中参考过的文件。

（2）资料性引用的文件，包括：

①标准条文中提及的文件；

②标准条文中的注、图注、表注中提及的文件；

③标准资料性附录中提及的文件；

④标准中的示例所使用或提及的文件；

⑤在"术语和定义"一章中，标示术语所出自的标准；

⑥摘抄形式引用时，被抄录的文件。

文献清单中每个参考文献前应在方括号中给出序号。文献清单中所列的文献（含在线文献）以及文献的排列顺序等，均应符合规范性引用文件清单中规范性引用文件的排序的相关规定。然而，如列出国际标准、国外标准和其他文献无须给出中文译名。

2. 索引

索引为可选要素。如果有索引，则应作为标准的最后一个要素。电子文本的索引宜自动生成。

参考文献和索引均应另起一面。参考文献中所列文件均应空两个汉字起排，回行时顶格编排，每个文件之后不加标点符号。所列标准的编号与标准名称之间空一个汉字的间隙。

五、标准编写中要素表述

（一）要素表述通则

1. 条款类型

条款是规范性文件内容的表述方式，不同类型条款的组合构成了标准中的各类要素。标准中的条款可分为要求型条款、推荐型条款和陈述型条款。要求是表达如果声明符合标准需要满足的准则，并且不准许存在偏差的条款。推荐是表达建议或指导的条款。陈述是表达信息的条款。

2. 条款用助动词

标准中的要求应容易识别，因此包含要求的条款应与其他类型的条款相区分。表述不同类型的条款应使用不同的助动词，各类条款所使用的助动词见表2-4~表2-7的第一栏。只有在特殊情况下，由于措辞的原因不能使用第一栏的表述形式时，才可使用第二栏给出的等效表述形式。

表2-4所示的助动词应被用于表示声明符合标准需要满足的要求。

表2-4　要求

助动词	在特殊情况下使用的等效表述
应	应该、只准许
不应	不得、不准许
不使用"必须"作为"应"的替代词。（以避免将某标准的要求和外部的法定责任相混淆）。 不使用"不可"代替"不应"表示禁止。 表示直接的指示时（例如涉及试验方法所采取的步骤），使用祈使句。例如："开启记录仪。"	

表2-5所示的助动词应被用于表示在几种可能性中推荐特别适合的一种，不提及也不排除其他可能性，或表示某个行动步骤是首选的但未必是所要求的，或（以否定形式）表示不赞成但也不禁止某种可能性或行动步骤。

表2-5　推荐

助动词	在特殊情况下使用的等效表述
宜	推荐、建议
不宜	不推荐、不建议

表2-6所示的助动词应被用于表示在标准的界限内所允许的行动步骤。

表2-6　允许

助动词	在特殊情况下使用的等效表述
可	可以、允许
不必	无须、不需要
在这种情况下，不使用"可能"或"不可能"。在这种情况下，不使用"能"代替"可"。 注："可"是标准所表达的许可，而"能"指主、客观原因导致的能力，"可能"则指主、客观原因导致的可能性。	

表2-7所示的助动词应被用于陈述由材料的、生理的或某种原因导致的能力或可能性。

表2-7　能力或可能性

助动词	在特殊情况下使用的等效表述
能	能够
不能	不能够
可能	有可能
不可能	没有可能
注：见表2-6的注。	

（二）技术要素表述

标准名称中含有"规范"，则标准中应包含要素"要求"以及相应的验证方法；标准名称中含有"规程"，则标准宜以推荐和建议的形式起草；标准名称中含有"指南"，则标准中不应包含要求型条款，适宜时，可采用建议的形式。

在起草上述标准的各类技术要素时，应使用表2-4~表2-7中适当的助动词，以明确区分不同类型的条款。

复习思考题

1. 标准是如何分类的？
2. 标准编写的原则是什么？
3. 国家标准制定的程序是什么？
4. 企业标准制定的程序是什么？

第三章　中国食品标准

【本章提要】

介绍了中国食品基础标准、食品产品标准、食品安全标准、食品检验标准、食品添加剂标准和食品流通标准。

【学习目标】

熟悉食品安全国家标准的具体内容。

标准是人类文明进步的成果，也是人类改造社会的工具。中国重视标准化工作，大力实施标准化战略，发挥标准化在促进科技进步、支持经济发展、规范社会治理、服务国际贸易中的作用。

当前我国食品标准存在的主要问题是：①体系不完善：随着新技术的发展，新标准没有建立起来，现行的标准很多都是多年不变的老标准；②标准缺失：产业发展急需的标准缺失；③标龄长：自标准实施之日起，至标准复审重新确认、修订或废止的时间较长；④水平低：技术含量少，需要提升食品安全水准，有的食品标准甚至还沿用着十几年、几十年前的标准。

为解决食品标准中存在的问题，近年来我国相继出台了一系列政策法规，如《深化标准化工作改革方案》（国发〔2015〕13号）、《深化标准化工作改革方案行动计划》（国办发〔2015〕67号）、《国家标准化体系建设发展规划（2016—2020年）》（国办发〔2015〕89号）、《强制性标准整合精简工作方案》（国办发〔2016〕3号）、《2016年全国标准化工作要点》（国标委办〔2016〕7号）和《关于培育和发展团体标准的指导意见》（国质检标联〔2016〕109号）等，加快制定亟需、缺失的食品安全标准。通过不断深化标准化改革，加强国际交流合作，加快完善标准体系，有效地提升标准的先进性、有效性和适用性，发挥标准引领作用，助推经济社会创新、协调、绿色、开放、共享发展。

第一节　食品基础标准

食品的基础标准是指在一定范围内作为其他标准的基础普遍使用，并具有广泛指导意义的标准。它规定了各种标准中最基本的共同的要求，主要包括食品名词术语标准、食品图形符号代号标准和食品分类标准等。

一、名词术语标准

术语（terminology）是在特定学科领域用来表示概念的称谓的集合，通过语音或文字来表达或限定科学概念的约定性语言符号，是思想和认识交流的工具。名词术语类标准是以各种专用术语为对象所制定的标准。术语标准中一般规定术语、定义（或解释性说明）和外文对应的词等。

1. GB/T 12728—2006《食用菌术语》

本标准规定了食用菌形态结构、生理生态、遗传育种、菌种生产、栽培、病虫害和保藏加工等方面有关的中英文术语。

本标准适用于食用菌的科研、教学、生产和加工。

2. GB/T 15109—2008《白酒工业术语》

本标准适用于白酒行业的生产、科研、教学及其他有关领域。

3. GB/T 26631—2011《粮油名词术语　理化特性和质量》

本标准规定了原粮、油料及其加工产品理化特性和质量的名词术语和定义。

本标准适用于粮油生产、流通、管理、科研和教学等相关工作领域。

4. GB/T 30785—2014《食品加工设备术语》

本标准规定了食品加工设备、装置和相关组件的术语和定义。

本标准适用于商用食品加工设备的信息处理与信息交换。

5. GB/T 31120—2014《糖果术语》

本标准规定了糖果的术语。

本标准适用于糖果领域的生产、流通、教学、科研和管理等。

6. GB/T 8873—2008《粮油名词术语　油脂工业》

本标准规定了油脂工业的名词术语和定义，包括油脂制备、油脂加工和技术经济指标的名词、术语和定义。

本标准适用于与油脂工业相关的教学科研、生产加工、经营及管理等领域。

7. GB/T 9289—2010《制糖工业术语》

本标准规定了甘蔗、甜菜或原糖为原料的制糖工业统一术语。

本标准适用于制糖工业编写标准、设计文件、教材、著作和研究报告、论文等。

8. GB/T 15091—1994《食品工业基本术语》

本标准规定了食品工业常用的基本术语。

本标准适用于食品工业生产、科研、教学及其他有关领域。

9. GB/T 10221—2012《感官分析　术语》

本标准定义了感官分析术语。本标准适用于所有使用感觉器官评价产品的行业。

二、符号代号标准

图形符号代号标准是以表示事物和概念的各种符号代号为对象制定的标准。这种符号和代号具有准确、简明和不易混淆等特点，主要用于该行业或该专业的工厂设计、工艺流程图绘制等场合。

1. GB/T 12529.1—2008《粮油工业用图形符号、代号　第1部分：通用部分》

本部分规定了粮油行业各专业工艺流程图中通用的图形符号和代号。

本部分适用于粮油行业生产、科研、设计、教学及其他有关领域。

2. GB/T 12529.2—2008《粮油工业用图形符号、代号　第2部分：碾米工业》

本部分规定了碾米工业工艺流程图用的图形符号和代号。

本部分适用于生产、科研、设计、教学及其他有关领域。

3. GB/T 12529.3—2008《粮油工业用图形符号、代号　第3部分：制粉工业》

本部分规定了制粉工业工艺流程图用的图形符号和代号。

本部分适用于粮油行业生产、科研、设计、教学及其他有关领域。

4. GB/T 12529.4—2008《粮油工业用图形符号、代号　第4部分：油脂工业》

本部分规定了油脂制备工业工艺流程图用的图形符号。

本部分适用于粮油行业生产、科研、设计、教学及其他有关领域。

5. GB/T 12529.5—2010《粮油工业用图形符号、代号　第5部分；仓储工业》

本部分规定了粮油仓储设备的图形符号和代号。

本部分适用于粮油仓储领域及其他有关领域绘制工艺流程图。

6. GB/T 20001.2—2015《标准编写规则　第2部分：符号标准》

本部分规定了符号（包括文字符号、图形符号以及含有符号的标志）标准的结构、起草规则及符号表的编写细则等方面的内容。

本部分适用于各层次标准中符号标准的编写。

7. GB/T 30096—2013《实验室仪器和设备常用文字符号》

本标准规定了实验室仪器和设备领域常用文字符号的表示规则，并给出了常用文字符号的名称、符号、含义和应用范围。

本标准适用于与实验室仪器和设备有关的技术领域。

8. GB/T 29253—2012《实验室仪器和设备常用图形符号》

本标准规定了实验室仪器和设备用图形符号的术语和定义、分类和用途、表示规则、设计要求、应用和标记，给出了实验室仪器和设备常用的图形符号的名称、含义和应用范围。

本标准适用于实验室仪器和设备。

三、食品分类标准

食品分类标准是对食品大类产品进行分类规范的标推。我国食品工业分类标准并不完善，部分产品的分类标准还存在许多问题。比如现有的分类标准是以原料不同来分类的，有的是以工艺不同来分类的，有的则是以产品形态不同来分类的，这就造成了产品分类上的交叉和混淆。因此，要充分重视现有产品，从实际出发统一进行分类和定义，这样才能符合我国食品工业的实际，有利于食品行业的管理和有序发展。

1. GB/T 8887—2009《淀粉分类》

本标准规定了原淀粉、变性淀粉的具体分类。

本标准适用于以谷类、薯类、豆类及各种植物为原料，通过物理方法而生产的原淀粉，以及原淀粉经过某种方法处理，改变其原来的物理或化学特性的变性淀粉。

2. GB/T 10784—2006《罐头食品分类》

本标准规定了各类罐头食品的分类范围和要求。本标准适用于界定罐头食品的类别。

3. GB/T 10789—2015《饮料通则》

本标准规定了饮料的术语和定义、分类、命名、技术要求、标签、声称、运输、贮存和瓶装饮用水消费者识别要求。

本标准适用于饮料的生产、研发以及饮料产品标准和其他与饮料相关标准的制定。本标准不适用于饮用药品。

4. GB/T 17204—2008《饮料酒分类》

本标准适用于饮料酒的生产、研发以及产品标准、分析方法和与饮料酒相关标准的制定。

5. GB/T 23509—2009《食品包装容器及材料　分类》

本标准规定了食品包装容器及材料的类别和名称。

本标准适用于与食品直接接触的以及预期与食品直接接触的食品包装容器及材料的分类。

6. GB/T 32687—2016《氨基酸产品分类导则》

本标准规定了氨基酸产品的术语、定义和分类。

本标准适用于氨基酸产品的生产、销售、应用、科研、教学及其他相关领域。

7. GB/T 32099—2015《酵母产品分类导则》

本标准规定了酵母产品的分类。

本标准适用于酵母产品的生产、销售、教学及科研交流。

8. GB/T 20001.3—2015《标准编写规则　第3部分：分类标准》

本部分规定了分类标准的结构、分类原则以及分类方法和命名、编码方法和代码等内容的起草表述规则，并规定了分类表、代码表的编写细则。

本部分适用于各层次标准中产品、过程或服务等标准化对象的分类标准以及在已经确定的分类体系基础上进行编码的标准的编写。

第二节　食品产品标准

食品产品标准是指为了保证食品的食用价值，对食品必须达到的某些或全部要求所做的规定，主要包括品种、规格、技术要求、试验方法、检验规则、包装、标志、运输和贮存要求等。食品产品标准的指标可称为食品质量标准，标明食品质量方面的信息。

一、粮食加工品标准

粮食加工品是指以谷物、豆类、薯类为原料加工制作而成的食品，包括小麦粉、大米、挂面及其他粮食加工品。

1. GB 7100—2015《食品安全国家标准　饼干》

本标准适用于饼干。

2. GB 17400—2015《食品安全国家标准　方便面》

本标准适用于方便面、方便米粉（米线）、方便粉丝。

3. GB 2715—2016《食品安全国家标准　粮食》

本标准适用于供人食用的原粮和成品粮，包括谷物、豆类、薯类等。

本标准不适用于加工食用油的原料。

4. GB 7099—2015《食品安全国家标准　糕点、面包》

本标准适用于糕点和面包。

5. GB 2712—2014《食品安全国家标准　豆制品》

本标准适用于预包装豆制品。本标准不适用于大豆蛋白粉。

6. GB 2713—2015《食品安全国家标准　淀粉制品》

本标准适用于淀粉制品。

7. GB/T 19855—2015《月饼》

本标准规定了月饼的术语和定义、产品分类、技术要求、检验方法、检验规则、标签标识、包装、运输、贮存和召回等要求。

本标准适用于月饼的生产、检验和销售。

8. GB 19640—2016《食品安全国家标准　冲调谷物制品》

本标准适用于以谷物或其他淀粉质类原料为主的预包装冲调谷物制品。

9. GB 19295—2011《食品安全国家标准　速冻面米制品》

本标准适用于预包装速冻面米制品。

二、食用植物油标准

食用植物油包括以菜籽、大豆、花生、葵花籽、棉籽、亚麻籽、油茶籽、玉米胚、红花籽等植物油料制取的原油（毛油），以及经过加工制成的食用植物油（含食用调和油）。

1. GB 2716—2005《食用植物油卫生标准》

本标准规定了植物原油、食用植物油的卫生标准和检验方法以及食品添加剂、包装、标识、贮存、运输的卫生要求。

本标准适用于植物原油、食物植物油，不适用于氢化油和人造奶油。

2. GB 15196—2015《食品安全国家标准　食用油脂制品》

本标准适用于食用氢化油、人造奶油（人造黄油）、起酥油、代可可脂（类可可脂）、植脂奶油、粉末油脂等食用油脂制品。

3. GB 19641—2015《食品安全国家标准　食用植物油料》

本标准适用于制取食用植物油的油料。

4. GB 19641—2015《食品安全国家标准　食用植物油料》

本标准适用于制取食用植物油的油料。

三、果蔬加工品标准

果蔬加工品包括水果制品、蔬菜制品、速冻果蔬制品、食用菌制品。

1. GB 19300—2014《食品安全国家标准　坚果与籽类食品》

本标准适用于生干和熟制的坚果与籽类食品。

2. GB 2714—2015《食品安全国家标准　酱腌菜》

本标准适用于酱腌菜。

3. GB 19299—2015《食品安全国家标准　果冻》

本标准适用于果冻。

4. GB 14884—2016《食品安全国家标准　蜜饯》

本标准适用于各类蜜饯产品。

5. GB 17399—2016《食品安全国家标准　糖果》

本标准适用于糖果。

四、畜产加工品标准

畜产加工食品包括肉制品、乳制品和蛋制品。

1. GB 19645—2010《食品安全国家标准　巴氏杀菌乳》

本标准适用于全脂、脱脂和部分脱脂巴氏杀菌乳。

2. GB 19302—2010《食品安全国家标准　发酵乳》

本标准适用于全脂、脱脂和部分脱脂发酵乳。

3. GB 2749—2015《食品安全国家标准　蛋与蛋制品》

本标准适用于鲜蛋与蛋制品。

4. GB 10146—2015《食品安全国家标准　食用动物油脂》

本标准适用于食用动物油脂，仅包括食用猪油、牛油、羊油、鸡油和鸭油。

5. GB 2730—2015《食品安全国家标准　腌腊肉制品》

本标准适用于腌腊肉制品。

6. GB 2707—2016《食品安全国家标准　鲜（冻）畜、禽产品》

本标准适用于鲜（冻）畜、禽产品。

本标准不适用于即食生肉制品。

7. GB 2726—2016《食品安全国家标准　熟肉制品》

本标准适用于预包装的熟肉制品。

本标准不适用于肉类罐头。

8. GB 10146—2015《食品安全国家标准　食用动物油脂》

本标准适用于食用动物油脂，仅包括食用猪油、牛油、羊油、鸡油和鸭油。

五、调味品标准

调味品包括酱油、食醋、味精、鸡精调味料、酱类调味料、调味料等产品。

1. GB 2720—2015《食品安全国家标准　味精》

本标准适用于味精。

2. GB 10133—2014《食品安全国家标准　水产调味品》

本标准适用于水产调味品。

3. GB/T 5461—2016《食用盐》

本标准规定了食用盐的技术要求、试验方法、检验规则和包装、标志、运输、贮存。

本标准适用于供食用的精制盐、粉碎洗涤盐及日晒盐。

4. GB/T 7652—2016《八角》

本标准规定了八角的术语、技术要求、试验方法、检验规则、包装、标志、贮存和运输。

本标准适用于八角的质量评定及贸易。

5. GB 18186—2000《酿造酱油》

本标准规定了酿造酱油的定义、产品分类、技术要求、试验方法、检验规则和标签、包装、运输、贮存的要求。

本标准适用于酿造酱油。

6. GB 18187—2000《酿造食醋》

本标准规定了酿造食醋的定义、产品分类、技术要求、试验方法、检验规则和标签、包装、运输、贮存的要求。

本标准仅适用于调味用酿造食醋，不适用于保健用酿造食醋。

六、水产品标准

水产品是指以鲜、冻水产品为原料加工制成的产品，主要包括干制水产品、盐渍水产品和鱼糜制品、水产调味品、水生动物油脂及制品、风味鱼制品、生食水产品和水产深加工品等。

1. GB 10136—2015《食品安全国家标准　动物性水产制品》

本标准适用于动物性水产制品。

2. GB 2733—2015《食品安全国家标准　鲜、冻动物性水产品》

本标准适用于鲜、冻动物性水产品，包括海水产品和淡水产品。

3. GB 31602—2015《食品安全国家标准　干海参》

本标准适用于干海参。

4. GB 19643—2016《食品安全国家标准　藻类及其制品》

本标准适用于可食用的藻类及其制品。

七、饮料标准

饮料即饮品，是经过定量包装的，供直接饮用或按一定比例用水冲调或冲泡饮用的制品。饮料一般可分为含酒精饮料和无酒精饮料。酒精饮料系指供人们饮用且乙醇（酒精）含量在0.5%～65%的饮料，包括各种发酵酒、蒸馏酒及配制酒。无酒精饮料是指酒精含量小于0.5%，以补充人体水分为主要目的的流质食品，包括固体饮料。

1. GB 7101—2015《食品安全国家标准　饮料》

本标准适用于饮料。本标准不适用于包装饮用水。

2. GB/T 10789—2015《饮料通则》

本标准规定了饮料的术语和定义、分类、命名、技术要求、标签、声称、运输、贮存和瓶装饮用水消费者识别要求。

本标准适用于饮料的生产、研发以及饮料产品标准和其他与饮料相关标准的制定。本标准不适用于饮用药品。

3. GB/T 31324—2014《植物蛋白饮料　杏仁露》

本标准规定了杏仁露的术语和定义、技术要求、试验方法、检验规则和标志、包装、运输和贮存。

本标准适用于以杏（*Armeniaca*）仁为原料，可添加食品辅料、食品添加剂，经过加工、调配后制得的植物蛋白饮料。

4. GB/T 30884—2014《苹果醋饮料》

本标准规定了苹果醋饮料的术语和定义、技术要求、试验方法、检验规则和标签、包装、运输、贮存。

本标准适用于以饮料用苹果醋为基础原料，可加入食糖和（或）甜味剂、苹果汁等，经调制而制成的饮料。

5. GB/T 31121—2014《果蔬汁类及其饮料》

本标准规定了果蔬汁类及其饮料的术语和定义、分类、技术要求、试验方法、检验规则和标志、包装、运输、贮存。

本标准适用于以水果和（或）蔬菜（包括可食的根、茎、叶、花、果实）等为原料，经加工或发酵制成的液体饮料。

6. GB 19298—2014《食品安全国家标准　包装饮用水》

本标准适用于直接饮用的包装饮用水。

本标准不适用于饮用天然矿泉水。

7. GB/T 32783—2016《蓝莓酒》

本标准规定了蓝莓酒及蓝莓果酒的术语和定义、产品分类、要求、分析方法、检验规则和标志、包装、运输、贮存。

本标准适用于蓝莓酒及蓝莓果酒的生产、检验和销售。

8. GB 2758—2012《食品安全国家标准　发酵酒及其配制酒》

本标准适用于发酵酒及其配制酒。

9. GB/T 26760—2011《酱香型白酒》

本标准规定了酱香型白酒的术语和定义、产品分类、技术要求、试验方法、检验规则、标志、包装、运输和贮存。

本标准适用于酱香型白酒的生产、检验与销售。

八、保健食品标准

保健食品是指声称具有特定保健功能或以补充维生素、矿物质为目的的食品，即适宜于特定人群食用，具有调节机体功能，不以治疗疾病为目的，并且对人体不产生任何急性、亚急性或慢性危害的食品。保健食品包括营养素补充剂和特定功能的保健食品。在美国并没有"保健品"一说，而称之为膳食营养补充剂，FDA 也颁布了对应的《膳食营养补充剂健康与教育法》进行指导和管理。

1. GB 16740—2014《食品安全国家标准　保健食品》

本标准适用于各类保健食品。

2. GB 14963—2011《食品安全国家标准　蜂蜜》

本标准适用于蜂蜜，不适用于蜂蜜制品。

九、营养食品标准

营养食品是指在现代营养科学的指导下，根据不同地区、不同人群的营养状况和营养需要，专门加工或者配方的食品。营养食品分为营养强化食品、运动营养食品、婴幼儿配方食品、特殊医学用途配方食品。

1. GB 14880—2012《食品安全国家标准　食品营养强化剂使用标准》

本标准规定了食品营养强化的主要目的、使用营养强化剂的要求、可强化食品类别的选择要求以及营养强化剂的使用规定。

本标准适用于食品中营养强化剂的使用。

2. GB 24154—2015《食品安全国家标准　运动营养食品通则》

本标准适用于运动营养食品。

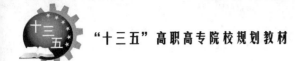

3. GB 29922—2013《食品安全国家标准　特殊医学用途配方食品通则》

本标准适用于 1 岁以上人群的特殊医学用途配方食品。

4. GB 31601—2015《食品安全国家标准　孕妇及乳母营养补充食品》

本标准适用于孕期妇女和哺乳期妇女的营养补充食品，国家法律、法规和（或）标准另有规定的除外。

5. GB 1903.10—2015《食品安全国家标准　食品营养强化剂　葡萄糖酸亚铁》

本标准适用于以葡萄糖酸或葡萄糖酸 – δ – 内酯与硫酸亚铁、葡萄糖酸与碳酸亚铁或还原铁粉为主要原料，经化学反应、加工、纯化而制得的食品营养强化剂葡萄糖酸亚铁。本标准同样适用于食品添加剂葡萄糖酸亚铁。

6. GB 1903.17—2016《食品安全国家标准　食品营养强化剂　乳铁蛋白》

本标准适用于以乳及乳制品为原料，经分离、杀菌、提取、精制、干燥制得的食品营养强化剂乳铁蛋白。

7. GB 1903.22—2016《食品安全国家标准　食品营养强化剂　富硒食用菌粉》

本标准适用于以食用菌为载体，经发酵培养将培养基中含有的亚硒酸钠转化为有机态硒，再经粉碎、干燥制得的食品营养强化剂富硒食用菌粉。

第三节　食品安全标准

食品安全标准是指为了对食品生产、加工、流通和消费（即"从农田到餐桌"）食品链全过程，影响食品安全和质量的各种要素以及各关键环节进行控制和管理，经协商一致制定并由公认机构批准，共同使用和重复使用的一种规范性文件。目前，我国的食品安全标准体系中主要包括食品中药物残留限量标准、污染物限量标准、真菌毒素限量标准、洗涤剂与消毒剂标准和企业生产经营规范。

一、药残限量标准

药物残留是指农药残留和兽药残留的总称。

农药残留（pesticide residues）是农药使用后一个时期内没有被分解而残留于生物体、收获物、土壤、水体、大气中的微量农药原体、有毒代谢物、降解物和杂质的总称。农药是指用来防治危害农作物的病菌、害虫和杂草的药剂。食品中农药最大残留限量（MRL）是指食品最终产品中允许农药残留的最大浓度。

兽药残留是指给动物用药后，蓄积或贮存在细胞或器官内的药物原形、代谢产物和药物杂质。药物残留对人体的危害有多种：如致癌、发育毒性、体内蓄积、免疫抑制、致敏和诱导耐药菌株等。其作用是慢性的、长期的和累积性的，往往易被人们所忽视。

1. GB 2763—2016《食品安全国家标准　食品中农药最大残留限量》

本标准规定了食品中 2,4 – 滴等 433 种农药 4140 项最大残留限量。

本标准适用于与限量相关的食品。

食品类别及测定部位（附录 A）用于界定农药最大残留限量应用范围，仅适用于本标准。如某种农药的最大残留限量应用于某一食品类别时，在该食品类别下的所有食品均适用，有特别规定的除外。

豁免制定食品中最大残留限量标准的农药名单（附录 B）用于界定不需要制定食品中农药最大残留限量的范围。

2.《动物性食品中兽药最高残留限量》（农业部公告〔2002〕235 号）

为加强兽药残留监控工作，保证动物性食品卫生安全，根据《兽药管理条例》规定，农业部发布了《动物性食品中兽药最高残留限量》（农业部公告〔2002〕235 号）。动物性食品中兽药最高残留限量由其中附录 1、附录 2、附录 3、附录 4 组成。

凡农业部批准使用的兽药，按质量标准、产品使用说明书规定用于食品动物，不需要制定最高残留限量的，见附录 1。

凡农业部批准使用的兽药，按质量标准、产品使用说明书规定用于食品动物，需要制定最高残留限量的，见附录 2。

凡农业部批准使用的兽药，按质量标准、产品使用说明书规定可以用于食品动物，但不得检出兽药残留的，见附录 3。

农业部明文规定禁止用于所有食品动物的兽药，见附录 4。

3.《兽药停药期规定》（农业部公告〔2003〕278 号）

为加强兽药使用管理，保证动物性产品质量安全，根据《兽药管理条例》规定，农业部发布了《兽药停药期规定》（农业部公告〔2003〕第 278 号）。制订了兽药国家标准和专业标准中部分品种的停药期规定（附件 1），并确定了部分不需制订停药期规定的品种（附件 2）。

二、污染物限量标准

食品中污染物主要是指食品在从生产（包括农作物种植、动物饲养和兽医用药）、加工、贮存、运输、销售、直至食用过程产生的或由环境污染带入的、非有意加入的化学性危害物质。它包括除农药、兽药、致病菌和真菌毒素以外的污染物。

1. GB 12651—2003《与食物接触的陶瓷制品铅、镉溶出量允许极限》

本标准规定了与食物接触的陶瓷制品铅、镉溶出量允许量。

本标准适用于与食物接触的瓷器、炻器，有釉和无釉陶瓷制品，但不包括食品制造工业、包装和享调用陶瓷器。

2. GB 14882—1994《食品中放射性物质限制浓度标准》

本标准规定了主要食品中 12 种放射性物质的导出限制浓度。

本标准适用于各种粮食、薯类、蔬菜及水果、肉鱼虾类和奶类食品。

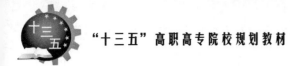

3. GB 2762—2012《食品安全国家标准 食品中污染物限量》

本标准规定了食品中铅、镉、汞、砷、锡、镍、铬、亚硝酸盐、硝酸盐、苯并［a］芘、N－二甲基亚硝胺、多氯联苯、3－氯－1，2－丙二醇的限量指标。

4. GB 29921—2013《食品安全国家标准 食品中致病菌限量》

本标准规定了食品中致病菌指标、限量要求和检验方法。

本标准适用于预包装食品。本标准不适用于罐头类食品。本标准涵盖以下致病菌：沙门氏菌、单核细胞增生李斯特氏菌、金黄色葡萄球菌、大肠埃希氏菌 O157：H7、副溶血性弧菌。本标准涵盖以下食品的致病菌限量：肉制品、水产制品、即食蛋制品、粮食制品、即食豆类制品、巧克力类及可可制品、即食果蔬制品（含酱腌菜类）、饮料（包装饮用水、碳酸饮料除外）、冷冻饮品、即食调味品、坚果籽实制品。

三、真菌毒素限量标准

食品中真菌毒素是指某些真菌在生长繁殖过程中产生的一类内源性天然污染物，主要对谷物及其制品和部分加工水果造成污染；人和动物食用后会引起致死性的急性疾病，并且与癌症风险增高有关，且一般加工方式难以去除。所以，要对食品中真菌毒素制定严格的限量标准。

1. GB 2761—2011《食品安全国家标准 食品中真菌毒素限量》

本标准规定了食品中黄曲霉毒素 B_1、黄曲霉毒素 M_1、脱氧雪腐镰刀菌烯醇、展青霉素、赭曲霉毒素 A 及玉米赤霉烯酮的限量指标。

2. GB 21693—2008《配合饲料中 T－2 毒素的允许量》

本标准规定了配合饲料中 T－2 毒素的允许量。

本标准适用于猪配合饲料、禽配合饲料。

3. GB 13078.2—2006《饲料卫生标准 饲料中赭曲霉毒素 A 和玉米赤霉烯酮的允许量》

本标准规定了饲料中玉米赤霉烯酮（ZEN）和赭曲霉毒素 A（OA）的允许量。

四、洗涤剂、消毒剂标准

食品行业用洗涤剂、消毒剂是指直接用于洗涤或者消毒食品、餐饮具，以及直接接触食品的工具、设备或食品包装材料和容器的物质。洗涤剂分为碱性洗涤剂、酸性洗涤剂和溶剂性洗涤剂。洗涤剂的毒性很低，属于低毒和微毒范围。常用的消毒剂产品按照成分分类主要有 9 种：含氯消毒剂、过氧化物类消毒剂、醛类消毒剂、醇类消毒剂、含碘消毒剂、酚类消毒剂、环氧乙烷、双胍类消毒剂和季铵盐类消毒剂。然而洗涤剂、消毒剂使用不当会对人体皮肤黏膜有损伤，轻度可引起发痒和咳嗽等呼吸系统的疾病，甚至有致癌和致畸作用。因此，必须对食品用洗涤剂、消毒剂制定卫生标准。

1. GB 14930.2—2012《食品安全国家标准 消毒剂》

本标准适用于清洗食品容器及食品生产经营工具、设备以及蔬菜、水果的消毒剂和洗涤消毒剂。

2. GB 14930.1—2015《食品安全国家标准　洗涤剂》

本标准适用于食品用洗涤剂。

根据产品用途不同分为两类：

——A 类产品，直接用于清洗食品的洗涤剂；

——B 类产品，用于清洗餐饮具以及接触食品的工具、设备、容器和食品包装材料的洗涤剂。

3. GB 26371—2010《过氧化物类消毒剂卫生标准》

本标准规定了过氧化物类消毒剂的原料要求和技术要求、应用范围、使用方法、检验方法、标志和包装、运输和贮存、标签和说明书及注意事项。

本标准适用于以过氧化氢为主要杀菌成分的消毒剂；以过氧化氢、冰醋酸为主要原料生成的过氧乙酸消毒剂；本标准也适用于以过氧化氢、过氧乙酸为主要杀菌成分的消毒剂。

4. GB 26368—2010《含碘消毒剂卫生标准》

本标准规定了含碘消毒剂（碘酊、碘伏）的原料和技术要求、应用范围、使用方法，检验方法，标志和包装、运输和贮存、标签和说明书及注意事项。本标准适用于含有效碘 18g/L ~ 22g/L 的碘酊和有效碘 2g/L ~ 10g/L 的碘伏，用于皮肤、黏膜及手消毒的消毒剂。

本标准规定的碘伏类消毒剂是指由碘、聚乙烯吡咯烷酮（聚维酮）类和聚醇醚类非离子表面活性剂、碘化钾等组分制成的络合碘消毒剂。

五、生产经营规范标准

食品生产经营规范标准规定了食品加工过程、原料采购、运输、贮存、工厂设计与设施的基本卫生要求及管理准则，适用于食品生产、经营的企业和工厂。

1. GB 31603—2015《食品安全国家标准　食品接触材料及制品生产通用卫生规范》

本标准规定了食品接触材料及制品的生产，从原辅料采购、加工、包装、贮存和运输等各个环节的场所、设施、人员的基本卫生要求和管理准则。

本标准适用于各类食品接触材料及制品的生产，如确有必要制定某类食品接触材料及制品的专项卫生规范时，应当以本标准作为基础。

2. GB 31621—2014《食品安全国家标准　食品经营过程卫生规范》

本标准规定了食品采购、运输、验收、贮存、分装与包装、销售等经营过程中的食品安全要求。

本标准适用于各种类型的食品经营活动。本标准不适用于网络食品交易、餐饮服务、现制现售的食品经营活动。

3. GB 8955—2016《食品安全国家标准　食用植物油及其制品生产卫生规范》

本标准规定了食用植物油及其制品生产过程中原料采购、加工、包装、贮存和运输等环节的场所、设施、人员的基本要求和管理准则。

本标准适用于食用植物油及其制品的生产。

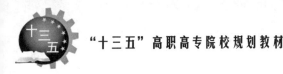

4. GB 12694—2016《食品安全国家标准　畜禽屠宰加工卫生规范》

本标准规定了畜禽屠宰加工过程中，畜禽验收、屠宰、分割、包装、贮存和运输等环节的场所、设施设备、人员的基本要求和卫生控制操作的管理准则。

本标准适用于规模以上畜禽屠宰加工企业。

5. GB 12696—2016《食品安全国家标准　发酵酒及其配制酒生产卫生规范》

本标准规定了发酵酒及其配制酒生产过程中，原料采购、加工、包装、贮存和运输等环节的场所、设施、人员的基本要求和管理准则。

本标准适用于葡萄酒、果酒（发酵型）、黄酒以及发酵酒的配制酒的生产。

6. GB 20799—2016《食品安全国家标准　肉和肉制品经营卫生规范》

本标准规定了肉和肉制品采购、运输、验收、贮存、销售等经营过程中的食品安全要求。

本标准适用于肉和肉制品经营活动。本标准的肉包括鲜肉、冷却肉、冻肉和食用副产品等。本标准不适用于网络食品交易、餐饮服务、现制现售的肉和肉制品经营活动。

7. GB 20941—2016《食品安全国家标准　水产制品生产卫生规范》

本标准规定了水产制品生产过程中，原料采购、验收、加工、包装、贮存和运输等环节的场所、设施、人员的基本要求和管理准则。

本标准适用于水产制品的生产。

8. GB 22508—2016《食品安全国家标准　原粮储运卫生规范》

本标准规定了原粮储运过程中的库区环境、设施设备、人员的基本要求和管理准则。

本标准适用于原粮的储藏和运输。

9. GB 31641—2016《食品安全国家标准　航空食品卫生规范》

本标准规定了航空食品的原料和成品采购、加工、储存、运输及机上供餐服务等环节的操作规范及卫生控制要求。

本标准适用于航空食品生产、运输及机上供餐服务。

第四节　食品检验标准

食品检验标准是指对食品及相关产品的性能、质量方面的检测、试验方法而制定的标准。其内容包括检测或试验的类别、检测规则、抽样、取样测定、操作、精度要求等方面的规定，还包括所用仪器、设备、检测和试验条件和方法、数据分析、结果计算、评定、复验规则等。

一、感官分析标准

1. GB/T 25005—2010《感官分析　方便面感官评价方法》

本标准规定了方便面感官评价的术语和定义、一般要求、评价步骤及评价结果的统计分析与表述。

本标准适用于泡面、煮面、拌面等各类方便面面饼的感官评价。

2. GB/T 25006—2010《感官分析　包装材料引起食品风味改变的评价方法》

本标准规定了由包装材料引起的食品（或模拟食品）感官特性变化的评价方法。本标准可用于对产品适宜包装材料的初步筛选，也可用于在个别批次或生产环节中对包装材料进行后续的验收筛选。

本标准适用于所有的食品包装材料（如纸、纸板、塑料、箔材、木材等），以及任何可能与食品接触的材料与制品（如厨房器具、包装涂层、印刷品或设备的某些部分如密封处或管道等），以根据强制性法规用感官分析技术方法来保证食品与其包装材料的兼容性。

3. GB/T 12310—2012《感官分析　成对比较检验》

本标准规定了确定两个产品的样品间感官特性强度是否存在可感觉到的感官差别或相似的程序。

本标准适用于单一感官特性或几项特性存在的差别，指对于一项已知特性它能确定是否存在感官差别并鉴定差别范围，但它不能给出差别程度的说明。评价中没有特性差别，不表示两个产品不存在任何差别。本标准仅适用于相对均匀同质的产品。

4. GB/T 12311—2012《感官分析　三点检验》

本标准规定了确定两个产品的样品间是否存在可感觉到的感官差别或相似的方法。本标准方法为强迫选择程序。

本标准适用于一种或多种感官指标是否存在的差别的判定。本标准适用于差别特性未确定时（即差别既不是由样品间差别的大小和范围确定，也没有代表差别的任何特征显示）。本标准仅适用于完全同类的样品。

5. GB/T 17321—2012《感官分析方法　二－三点检验》

本标准规定了确定两个产品的样品间是否存在可感觉到的感官差别或相似的程序。本标准方法为强迫选择程序。

本标准适用于单一或几种感官特性存在的差别。本标准也适用于差别特性未知时（即它既不确定样品间的差别程度也不确定差别范围，也没有任何特性差别迹象）。本标准仅适用于产品相当相似时。

6. GB/T 10220—2012《感官分析　方法学　总论》

本标准给出了感官分析应用的一般性导则，阐述了食品感官分析中的各种检验方法，以及结果统计分析中需要使用的技术方法。

本标准中的检验方法仅适用于客观性感官分析。某个检验方法是否可用于偏爱性检验，标准中已说明。

7. GB/T 29604—2013《感官分析　建立感官特性参比样的一般导则》

本标准规定了建立感官特性参比样的基本原则和一般程序。

本标准适用于食品感官评价中感官特性参比样的建立，也适用于非食品消费品，如化妆

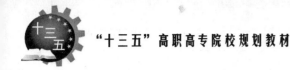

品、个人护理品、纺织品等进行感官评价时，感官特性参比样的建立。

8. GB/T 29605—2013《感官分析　食品感官质量控制导则》

本标准给出了食品感官质量控制应满足的基本要求，以及实施食品感官质量控制的一般程序。包括感官质量控制要素的描述、感官质量控制标样的建立、感官评价小组的组建、感官评价方法的选用和质量控制图的运用等。

本标准适用于食品企业进行产品感官质量控制，其他消费品企业也可参考使用。

二、理化检验标准

食品理化检验是食品检测工作的一个重要组成部分，为食品质量监督和行政执法提供公正、准确的依据。食品理化检验利用物理的、化学的方法来测定食品的营养成分、有毒有害成分等。

（一）水分测定

1. GB 5009.3—2016《食品安全国家标准　食品中水分的测定》

本标准规定了食品中水分的测定方法。

本标准第一法（直接干燥法）适用于在 101℃～105℃下，蔬菜、谷物及其制品、水产品、豆制品、乳制品、肉制品、卤菜制品、粮食（水分含量低于18%）、油料（水分含量低于13%）、淀粉及茶叶类等食品中水分的测定，不适用于水分含量小于 0.5g/100g 的样品。

第二法（减压干燥法）适用于高温易分解的样品及水分较多的样品（如糖、味精等食品）中水分的测定，不适用于添加了其他原料的糖果（如奶糖、软糖等食品）中水分的测定，不适用于水分含量小于 0.5g/100g 的样品（糖和味精除外）。

第三法（蒸馏法）适用于含水较多又有较多挥发性成分的水果、香辛料及调味品、肉与肉制品等食品中水分的测定，不适用于水分含量小于 1g/100g 的样品。第四法（卡尔·费休法）适用于食品中含微量水分的测定，不适用于含有氧化剂、还原剂、碱性氧化物、氢氧化物、碳酸盐、硼酸等食品中水分的测定。卡尔·费休容量法适用于水分含量大于 1.0×10^{-3} g/100g 的样品。

2. GB 5009.236—2016《食品安全国家标准　动植物油脂水分及挥发物的测定》

本标准规定了测定动植物油脂中水分及挥发物含量的两种方法。

本标准第一法［沙浴（电热板）法］适用于所有的动植物油脂；第二法（电热干燥箱法）仅适用于酸价低于 4mg/g 的非干性油脂，不适用于月桂酸型的油（棕榈仁油和椰子油）。

3. GB 5009.238—2016《食品安全国家标准　食品水分活度的测定》

本标准规定了康卫氏皿扩散法和水分活度仪扩散法测定食品中的水分活度。

本标准适用于预包装谷物制品类、肉制品类、水产制品类、蜂产品类、薯类制品类、水果制品类、蔬菜制品类、乳粉、固体饮料的水分活度的测定。本标准不适用于冷冻和含挥发性成分的食品。

本标准的第一法（康卫氏皿扩散法）适用食品水分活度的范围为 0.00 ~ 0.98；第二法（水分活度仪扩散法）适用水分活度的范围为 0.60 ~ 0.90。

（二）酸度测定

1. GB 5009.239—2016《食品安全国家标准　食品酸度的测定》

本标准规定了生乳及乳制品、淀粉及其衍生物酸度和粮食及制品酸度的测定方法。

本标准第一法适用于生乳及乳制品、淀粉及其衍生物、粮食及制品酸度的测定；第二法适用乳粉酸度的测定；第三法适用于乳及其他乳制品中酸度的测定。

2. GB 5009.237—2016《食品安全国家标准　食品 pH 值的测定》

本标准规定了肉及肉制品、水产品中牡蛎（蚝、海蛎子）以及罐头食品 pH 的测定方法。

本标准适用于肉及肉制品中均质化产品的 pH 测试以及屠宰后的畜体、胴体和瘦肉的 pH 非破坏性测试、水产品中牡蛎（蚝、海蛎子）pH 的测定和罐头食品 pH 的测定。

3. GB 5009.232—2016《食品安全国家标准　水果、蔬菜及其制品中甲酸的测定》

本标准规定了水果、蔬菜及其制品中甲酸的测定方法。

本标准适用于采用重量法测定水果、蔬菜及其制品中甲酸含量。

4. GB 5009.157—2016《食品安全国家标准　食品中有机酸的测定》

本标准规定了食品中酒石酸、乳酸、苹果酸、柠檬酸、丁二酸、富马酸和己二酸的测定方法。

本标准适用于果汁及果汁饮料、碳酸饮料、固体饮料、胶基糖果、饼干、糕点、果冻、水果罐头、生湿面制品和烘焙食品馅料中 7 种有机酸的测定。

5. GB 5009.168—2016《食品安全国家标准　食品中脂肪酸的测定》

本标准规定了食品中脂肪酸含量的测定方法。

本标准适用于食品中总脂肪、饱和脂肪（酸）、不饱和脂肪（酸）的测定。

本标准中水解 – 提取法适用于食品中脂肪酸含量的测定；酯交换法适用于游离脂肪酸含量不大于 2% 的油脂样品的脂肪酸含量测定；乙酰氯 – 甲醇法适用于含水量小于 5% 的乳粉和无水奶油样品的脂肪酸含量测定。

6. GB 5009.257—2016《食品安全国家标准　食品中反式脂肪酸的测定》

本标准规定了食品中反式脂肪酸及异构体的气相色谱测定方法。

本标准适用于动植物油脂、氢化植物油、精炼植物油脂及煎炸油和含动植物油脂、氢化植物油、精炼植物油脂及煎炸油食品中反式脂肪酸的测定。

本标准不适用于油脂中游离脂肪酸（FFA）含量大于 2% 食品样品的测定。

（三）蛋白质测定

1. GB 5009.5—2016《食品安全国家标准　食品中蛋白质的测定》

本标准规定了食品中蛋白质的测定方法。

本标准第一法和第二法适用于各种食品中蛋白质的测定，第三法适用于蛋白质含量在 10g/100g 以上的粮食、豆类奶粉、米粉、蛋白质粉等固体试样的测定。

本标准适用于添加无机含氮物质、有机非蛋白质含氮物质的食品的测定。

2. GB/T 5009.124—2016《食品安全国家标准 食品中氨基酸的测定》

本标准规定了用氨基酸分析仪（茚三酮柱后衍生离子交换色谱仪）测定食品中氨基酸的方法。

本标准适用于食品中酸水解氨基酸的测定，包括天冬氨酸、苏氨酸、丝氨酸、谷氨酸、脯氨酸、甘氨酸、丙氨酸、缬氨酸、蛋氨酸、异亮氨酸、亮氨酸、酪氨酸、苯丙氨酸、组氨酸、赖氨酸和精氨酸共 16 种氨基酸。

3. GB 5009.235—2016《食品安全国家标准 食品中氨基酸态氮的测定》

本标准规定了酱油、酱、黄豆酱中氨基酸态氮的测定方法。

本标准第一法适用于以粮食和其副产品豆饼、麸皮等为原料酿造或配制的酱油，以粮食为原料酿造的酱类，以黄豆、小麦粉为原料酿造的豆酱类食品中氨基酸态氮的测定；第二法适用于以粮食和其副产品豆饼、麸皮等为原料酿造或配制的酱油中氨基酸态氮的测定。

4. GB 5009.228—2016《食品安全国家标准 食品中挥发性盐基氮的测定》

本标准规定了食品中挥发性盐基氮的测定方法。

本标准适用于以肉类为主要原料的食品、动物的鲜（冻）肉、肉制品和调理肉制品、动物性水产品和海产品及其调理制品、皮蛋（松花蛋）和咸蛋等腌制蛋制品中挥发性盐基氮的测定。

（四）脂肪测定

1. GB 5009.6—2016《食品安全国家标准 食品中脂肪的测定》

本标准规定了食品中脂肪含量的测定方法。

本标准第一法适用于水果、蔬菜及其制品、粮食及粮食制品、肉及肉制品、蛋及蛋制品、水产及其制品、焙烤食品、糖果等食品中游离态脂肪含量的测定。

本标准第二法适用于水果、蔬菜及其制品、粮食及粮食制品、肉及肉制品、蛋及蛋制品、水产及其制品、焙烤食品、糖果等食品中游离态脂肪及结合态脂肪总量的测定。

本标准第三法适用于乳及乳制品、婴幼儿配方食品中脂肪的测定。

本标准第四法适用于乳及乳制品、婴幼儿配方食品中脂肪的测定。

2. GB 5009.229—2016《食品安全国家标准 食品中酸价的测定》

本标准规定了各类食品中酸价的三种测定方法——冷溶剂指示剂滴定法（第一法）、冷溶剂自动电位滴定法（第二法）和热乙醇指示剂滴定法（第三法）。

第一法适用于常温下能够被冷溶剂完全溶解成澄清溶液的食用油脂样品，适用范围包括食用植物油（辣椒油除外）、食用动物油、食用氢化油、起酥油、人造奶油、植脂奶油、植物油料共计 7 类。

第二法适用于常温下能够被冷溶剂完全溶解成澄清溶液的食用油脂样品和含油食品中提取的油脂样品，适用范围包括食用植物油（包括辣椒油）、食用动物油、食用氢化油、起酥油、人造奶油、植脂奶油、植物油料、油炸小食品、膨化食品、烘炒食品、坚果食品、糕点、面包、饼干、油炸方便面、坚果与籽类的酱、动物性水产干制品、腌腊肉制品、添加食用油的辣椒酱共计19类。

第三法适用于常温下不能被冷溶剂完全溶解成澄清溶液的食用油脂样品，适用范围包括食用植物油、食用动物油、食用氢化油、起酥油、人造奶油、植脂奶油共计6类。

3. GB 5009. 230—2016《食品安全国家标准　食品中羰基价的测定》

本标准规定了食品中羰基价的测定。

本标准适用于油炸小食品、坚果制品、方便面、膨化食品以及食用植物油等食品中羰基价的测定。

4. GB 5009. 227—2016《食品安全国家标准　食品中过氧化值的测定》

本标准规定了食品中过氧化值的两种测定方法：滴定法和电位滴定法。

本标准第一法适用于食用动植物油脂、食用油脂制品，以小麦粉、谷物、坚果等植物性食品为原料经油炸、膨化、烘烤、调制、炒制等加工工艺而制成的食品，以及以动物性食品为原料经速冻、干制、腌制等加工工艺而制成的食品；第二法适用于动植物油脂和人造奶油，测量范围为0g/100g ~ 0. 38g/100g。

本标准不适用于植脂末等包埋类油脂制品的测定。

（五）糖类测定

1. GB 5009. 88—2014《食品安全国家标准　食品中膳食纤维的测定》

本标准规定了食品中膳食纤维的测定方法（酶重量法）。

本标准适用于所有植物性食品及其制品中总的、可溶性和不溶性膳食纤维的测定，但不包括低聚果糖、低聚半乳糖、聚葡萄糖、抗性麦芽糊精、抗性淀粉等膳食纤维组分。

2. GB 5009. 8—2016《食品安全国家标准　食品中果糖、葡萄糖、蔗糖、麦芽糖、乳糖的测定》

本标准规定了食品中果糖、葡萄糖、蔗糖、麦芽糖、乳糖的测定方法。

本标准第一法适用于谷物类、乳制品、果蔬制品、蜂蜜、糖浆、饮料等食品中果糖、葡萄糖、蔗糖、麦芽糖和乳糖的测定，第二法适用于食品中蔗糖的测定。

3. GB 5009. 7—2016《食品安全国家标准　食品中还原糖的测定》

本标准规定了食品中还原糖含量的测定方法。

本标准第一法、第二法适用于食品中还原糖含量的测定，第三法适用于小麦粉中还原糖含量的测定，第四法适用于甜菜块根中还原糖含量的测定。

4. GB 5009. 9—2016《食品安全国家标准　食品中淀粉的测定》

本标准规定了食品中淀粉的测定方法。

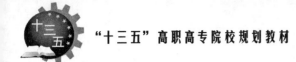

本标准第一法和第二法适用于食品（肉制品除外）中淀粉的测定；第三法适用于肉制品中淀粉的测定，但不适用于同时含有经水解也能产生还原糖的其他添加物的淀粉测定。

（六）维生素测定

1. GB 5009.82—2016《食品安全国家标准　食品中维生素 A、D、E 的测定》

本标准规定了食品中维生素 A、维生素 E 和维生素 D 的测定方法。

本标准第一法适用于食品中维生素 A 和维生素 E 的测定，第二法适用于食用油、坚果、豆类和辣椒粉等食物中维生素 E 的测定，第三法适用于食品中维生素 D_2 和维生素 D_3 的测定，第四法适用于配方食品中维生素 D_2 或维生素 D_3 的测定。

2. GB 5009.83—2016《食品安全国家标准　食品中胡萝卜素的测定》

本标准规定了食品中胡萝卜素的测定方法。

本标准色谱条件一，适用于食品中 α – 胡萝卜素、β – 胡萝卜素及总胡萝卜素的测定；色谱条件二，适用于食品中 β – 胡萝卜素的测定。

3. GB 5009.85—2016《食品安全国家标准　食品中维生素 B_2 的测定》

本标准规定了食品中维生素 B_2 的测定方法。

本标准第一法为高效液相色谱法，第二法为荧光分光光度法，适用于各类食品中维生素 B_2 的测定。

4. GB 5009.154—2016《食品安全国家标准　食品中维生素 B_6 的测定》

本标准规定了食品中维生素 B_6 的测定方法。

本标准第一法为高效液相色谱法，适用于添加了维生素 B_6 的食品测定；第二法为微生物法，适用于各类食品中维生素 B_6 的测定。

5. GB 5009.158—2016《食品安全国家标准　食品中维生素 K_1 的测定》

本标准规定了食品中维生素 K_1 的测定方法。

本标准第一法为高效液相色谱 – 荧光检测法，第二法为液相色谱 – 串联质谱法，均适用于各类配方食品、植物油、水果和蔬菜中维生素 K_1 的测定。

6. GB 5009.84—2016《食品安全国家标准　食品中维生素 B_1 的测定》

本标准规定了高效液相色谱法、荧光光度法测定食品中维生素 B_1 的方法。

本标准适用于食品中维生素 B_1 含量的测定。

7. GB 5009.86—2016《食品安全国家标准　食品中抗坏血酸的测定》

本标准规定了高效液相色谱法、荧光法、2，6 – 二氯靛酚滴定法测定食品中抗坏血酸的方法。

本标准第一法适用于乳粉、谷物、蔬菜、水果及其制品、肉制品、维生素类补充剂、果冻、胶基糖果、八宝粥、葡萄酒中的 L（+）– 抗坏血酸，D（+）抗坏血酸和 L（+）– 抗坏血酸总量的测定；第二法适用于乳粉、蔬菜、水果及其制品中 L（+）– 抗坏血酸总量的测定；第三法适用于水果、蔬菜及其制品中 L（+）– 抗坏血酸的测定。

（七） 矿物元素测定

1. GB 5009. 90—2016《食品安全国家标准　食品中铁的测定》

本标准规定了食品中铁含量测定的火焰原子吸收光谱法、电感耦合等离子体发射光谱法和电感耦合等离子体质谱法。

本标准适用于食品中铁含量的测定。

2. GB 5009. 92—2016《食品安全国家标准　食品中钙的测定》

本标准规定了食品中钙含量测定的火焰原子吸收光谱法、滴定法、电感耦合等离子体发射光谱法和电感耦合等离子体质谱法。

本标准适用于食品中钙含量的测定。

3. GB 5009. 267—2016《食品安全国家标准　食品中碘的测定》

本标准规定了食品中碘含量的测定方法。

第一法氧化还原滴定法，适用于海带、紫菜、裙带菜等藻类及其制品中碘的测定。

第二法砷铈催化分光光度法，适用于粮食、蔬菜、水果、豆类及其制品、乳及其制品、肉类、鱼类、蛋类等食品中碘的测定。

第三法气相色谱法，适用于婴幼儿食品和乳品中碘的测定。

4. GB 5009. 268—2016《食品安全国家标准　食品中多元素的测定》

本标准规定了食品中多元素测定的电感耦合等离子体质谱法（ICP－MS）和电感耦合等离子体发射光谱法（ICP－OES）。

第一法适用于食品中硼、钠、镁、铝、钾、钙、钛、钒、铬、锰、铁、钴、镍、铜、锌、砷、硒、锶、钼、镉、锡、锑、钡、汞、铊、铅的测定；第二法适用于食品中铝、硼、钡、钙、铜、铁、钾、镁、锰、钠、镍、磷、锶、钛、钒、锌的测定。

（八） 药物残留测定

1. GB 23200. 7—2016《食品安全国家标准　蜂蜜、果汁和果酒中 497 种农药及相关化学品残留量的测定　气相色谱－质谱法》

本标准规定了蜂蜜、果汁和果酒中 497 种农药及相关化学品残留量气相色谱－质谱测定方法。

本标准适用于蜂蜜、果汁和果酒中 497 种农药及相关化学品残留量的测定。

2. GB 23200. 8—2016《食品安全国家标准　水果和蔬菜中 500 种农药及相关化学品残留量的测定　气相色谱－质谱法》

本标准规定了苹果、柑橘、葡萄、甘蓝、芹菜、西红柿中 500 种农药及相关化学品残留量气相色谱－质谱测定方法。

本标准适用于苹果、柑橘、葡萄、甘蓝、芹菜、西红柿中 500 种农药及相关化学品残留量的测定。

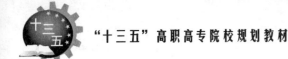

3. GB 23200. 9—2016《食品安全国家标准 粮谷中475种农药及相关化学品残留量的测定气相色谱－质谱法》

本标准规定了大麦、小麦、燕麦、大米、玉米中475种农药及相关化学品残留量气相色谱－质谱测定方法。

本标准适用于大麦、小麦、燕麦、大米、玉米中475种农药及相关化学品残留量的测定。

4. GB 23200. 12—2016《食品安全国家标准 食用菌中440种农药及相关化学品残留量的测定液相色谱－质谱法》

本标准规定了滑子菇、金针菇、黑木耳和香菇中440种农药及相关化学品残留量液相色谱－质谱测定方法。

本标准适用于滑子菇、金针菇、黑木耳和香菇中440种农药及相关化学品残留量的测定。

5. GB 23200. 13—2016《食品安全国家标准 茶叶中448种农药及相关化学品残留量的测定液相色谱－质谱法》

本标准规定了绿茶、红茶、普洱茶、乌龙茶中448种农药及相关化学品残留量液相色谱－质谱测定方法。

本标准适用于绿茶、红茶、普洱茶、乌龙茶中448种农药及相关化学品残留量的测定。

6. GB 29681—2013《食品安全国家标准 牛奶中左旋咪唑残留量的测定 高效液相色谱法》

本标准规定了牛奶中左旋咪唑残留量检测的制样和高效液相色谱测定方法。

本标准适用于牛奶中左旋咪唑残留量检测。

7. GB 29682—2013《食品安全国家标准 水产品中青霉素类药物多残留的测定 高效液相色谱法》

本标准规定了水产品中4种青霉素类药物残留量检测的制样和高效液相色谱测定方法。

本标准适用于鱼可食性组织中青霉素G、苯唑西林、双氯青霉素和乙氧萘青霉素单个或多药物残留量的检测。

8. GB 29683—2013《食品安全国家标准 动物性食品中对乙酰氨基酚残留量的测定 高效液相色谱法》

本标准规定了动物性食品中对乙酰氨基酚残留量检测的制样和高效液相色谱测定方法。

本标准适用于猪、牛和羊的肌肉、肝脏和肾脏组织中对乙酰氨基酚残留量的检测。

9. GB 29694—2013《食品安全国家标准 动物性食品中13种磺胺类药物多残留的测定 高效液相色谱法》

本标准规定了动物性食品中磺胺类药物残留量检测的制样和高效液相色谱测定方法。

本标准适用于猪和鸡的肌肉和肝脏组织中的磺胺醋酰、磺胺吡啶、磺胺噁唑、磺胺甲基嘧啶、磺胺二甲基嘧啶、磺胺甲氧哒嗪、苯酰磺胺、磺胺间甲氧嘧啶、磺胺氯哒嗪、磺胺甲噁唑、磺胺异噁唑、磺胺二甲氧哒嗪和磺胺吡唑单个或多个药物残留量的检测。

（九）重金属测定

1. GB 5009.12—2010《食品安全国家标准　食品中铅的测定》

本标准规定了食品中铅的测定方法。本标准适用于食品中铅的测定。

2. GB 5009.15—2014《食品安全国家标准　食品中镉的测定》

本标准规定了各类食品中镉的石墨炉原子吸收光谱测定方法。

本标准适用于各类食品中镉的测定。

3. GB 5009.123—2014《食品安全国家标准　食品中铬的测定》

本标准规定了食品中铬的石墨炉原子吸收光谱测定方法。本标准适用于各类食品中铬的含量测定。

4. GB 5009.17—2014《食品安全国家标准　食品中总汞及有机汞的测定》

本标准第一篇规定了食品中总汞的测定方法，适用于食品中总汞的测定。

本标准第二篇规定了食品中甲基汞含量测定的液相色谱－原子荧光光谱联用方法（LC－AFS），适用于食品中甲基汞含量的测定。

5. GB 5009.11—2014《食品安全国家标准　食品中总砷及无机砷的测定》

本标准第一篇规定了食品中总砷的测定方法。本标准第二篇规定了食品中无机砷含量测定的液相色谱－原子荧光光谱法、液相色谱－电感耦合等离子体质谱法。

本标准第一篇第一法、第二法和第三法适用于各类食品中总砷的测定。第二篇适用于稻米、水产动物、婴幼儿谷类辅助食品、婴幼儿罐装辅助食品中无机砷（包括砷酸盐和亚砷酸盐）含量的测定。

6. GB 5009.75—2014《食品安全国家标准　食品添加剂中铅的测定》

本标准规定了食品添加剂中铅的限量试验和定量试验方法。

本标准适用于食品添加剂中铅的限量试验和定量试验。

7. GB 5009.76—2014《食品安全国家标准　食品添加剂中砷的测定》

本标准规定了食品添加剂中砷的测定方法。

本标准适用于食品添加剂中砷的测定。

（十）有害物质测定

1. GB 5009.22—2016《食品安全国家标准　食品中黄曲霉毒素 B 族和 G 族的测定》

本标准规定了食品中黄曲霉毒素 B_1、黄曲霉毒素 B_2、黄曲霉毒素 G_1、黄曲霉毒素 G_2（以下简称 AFT B_1、AFT B_2、AFT G_1 和 AFT G_2）的测定方法。

本标准第一法为同位素稀释液相色谱－串联质谱法，适用于谷物及其制品、豆类及其制品、坚果及籽类、油脂及其制品、调味品、婴幼儿配方食品和婴幼儿辅助食品中 AFT B_1、AFT B_2、AFT G_1 和 AFT G_2 的测定。

本标准第二法为高效液相色谱－柱前衍生法，适用于谷物及其制品、豆类及其制品、坚果及籽类、油脂及其制品、调味品、婴幼儿配方食品和婴幼儿辅助食品中 AFT B_1、AFT B_2、AFT G_1 和 AFT G_2 的测定。

本标准第三法为高效液相色谱－柱后衍生法，适用于谷物及其制品、豆类及其制品、坚果及籽类、油脂及其制品、调味品、婴幼儿配方食品和婴幼儿辅助食品中 AFT B_1、AFT B_2、AFT G_1 和 AFT G_2 的测定。

本标准第四法为酶联免疫吸附筛查法，适用于谷物及其制品、豆类及其制品、坚果及籽类、油脂及其制品、调味品、婴幼儿配方食品和婴幼儿辅助食品中 AFT B_1 的测定。

本标准第五法为薄层色谱法，适用于谷物及其制品、豆类及其制品、坚果及籽类、油脂及其制品、调味品中 AFT B_1 的测定。

2. GB 5009.96—2016《食品安全国家标准　食品中赭曲霉毒素 A 的测定》

本标准规定了食品中赭曲霉毒素 A 的测定方法。

本标准第一法适用于谷物、油料及其制品、酒类、酱油、醋、酱及酱制品、葡萄干、胡椒粒/粉中赭曲霉毒素 A 的测定；第二法适用于玉米、稻谷（糙米）、小麦、小麦粉、大豆、咖啡、葡萄酒中赭曲霉毒素 A 的测定；第三法适用于玉米、小麦等粮食产品、辣椒及其制品等、啤酒等酒类、酱油等产品、生咖啡、熟咖啡中赭曲霉毒素 A 的测定；第四法适用于玉米、小麦、大麦、大米、大豆及其制品中赭曲霉毒素 A 的测定；第五法适用于小麦、玉米、大豆中赭曲霉毒素 A 的测定。

3. GB 5009.27—2016《食品安全国家标准　食品中苯并［a］芘的测定》

本标准规定了食品中苯并［a］芘的测定方法。

本标准适用于谷物及其制品（稻谷、糙米、大米、小麦、小麦粉、玉米、玉米面、玉米渣、玉米片）、肉及肉制品（熏、烧、烤肉类）、水产动物及其制品（熏、烤水产品）、油脂及其制品中苯并［a］芘的测定。

4. GB 5009.33—2016《食品安全国家标准　食品中亚硝酸盐与硝酸盐的测定》

本标准规定了食品中亚硝酸盐和硝酸盐的测定方法。

本标准适用于食品中亚硝酸盐和硝酸盐的测定。

5. GB 5009.36—2016《食品安全国家标准　食品中氰化物的测定》

本标准规定了食品中氰化物的检测方法。

本标准第一法适用于蒸馏酒及其配制酒、木薯、包装饮用水、矿泉水中氰化物的检测，第二法和第三法适用于蒸馏酒及其配制酒、粮食、木薯、包装饮用水、矿泉水中氰化物的检测。

6. GB 5009.206—2016《食品安全国家标准　水产品中河豚毒素的测定》

本标准规定了水产品中河豚毒素的测定方法。

本标准第一法适用于河豚鱼肌肉、肝脏、皮肤和性腺组织中河豚毒素的测定；第二法适用于河豚鱼肌肉、肝脏、皮肤和性腺组织中河豚毒素的测定；第三法适用于河豚鱼、织纹螺、虾、牡蛎、花蛤和鱿鱼中河豚毒素的测定;第四法适用于河豚鱼肌肉、肝脏、皮肤和性腺组织中河豚毒素的测定。

7. GB 5009. 208—2016《食品安全国家标准 食品中生物胺的测定》

本标准规定了食品中色胺、β-苯乙胺、腐胺、尸胺、组胺、章鱼胺、酪胺、亚精胺和精胺含量的测定方法。

本标准适用于酒类(葡萄酒、啤酒、黄酒等)、调味品(醋和酱油)、水产品(鱼类及其制品、虾类及其制品)、肉类中生物胺的测定。

8. GB 5009. 181—2016《食品安全国家标准 食品中丙二醛的测定》

本标准规定了食品中丙二醛的测定方法。

本标准第一法适用于食品中丙二醛的测定;本标准第二法适用于动植物油脂中丙二醛的测定。

三、微生物检验标准

微生物是导致食品腐败变质和食品中毒的重要因素,食品微生物学检验是食品质量监督与控制的重要手段,其方法标准主要包括非致病性菌(菌落总数、大肠菌群、大肠杆菌、乳酸菌、霉菌和酵母菌等)和食源性致病菌(大肠埃希氏菌 O157:H7/NM、沙门氏菌、志贺氏菌、金黄色葡萄球菌、溶血性链球菌、单核细胞增生李斯特氏菌和副溶血性弧菌等)检验。

1. GB 4789. 1—2016《食品安全国家标准 食品微生物学检验 总则》

本标准规定了食品微生物学检验基本原则和要求。

本标准适用于食品微生物学检验。

2. GB 4789. 2—2016《食品安全国家标准 食品微生物学检验 菌落总数测定》

本标准规定了食品中菌落总数(aerobic plate count)的测定方法。

本标准适用于食品中菌落总数的测定。

3. GB 4789. 3—2016《食品安全国家标准 食品微生物学检验 大肠菌群计数》

本标准规定了食品中大肠菌群(coliforms)计数的方法。

本标准第一法适用于大肠菌群含量较低的食品中大肠菌群的计数;第二法适用于大肠菌群含量较高的食品中大肠菌群的计数。

4. GB 4789. 4—2016《食品安全国家标准 食品微生物学检验 沙门氏菌检验》

本标准规定了食品中沙门氏菌(salmonella)的检验方法。

本标准适用于食品中沙门氏菌的检验。

5. GB 4789. 6—2016《食品安全国家标准 食品微生物学检验 致泻大肠埃希氏菌检验》

本标准规定了食品中致泻大肠埃希氏菌(diarrheagenic *Escherichia coli*)的检验方法。

本标准适用于食品中致泻大肠埃希氏菌的检验。

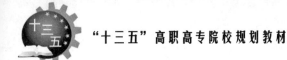

6. GB 4789. 10—2016《食品安全国家标准　食品微生物学检验　金黄色葡萄球菌检验》

本标准规定了食品中金黄色葡萄球菌（*staphylococcus aureus*）的检验方法。

本标准第一法适用于食品中金黄色葡萄球菌的定性检验；第二法适用于金黄色葡萄球菌含量较高的食品中金黄色葡萄球菌的计数；第三法适用于金黄色葡萄球菌含量较低的食品中金黄色葡萄球菌的计数。

7. GB 4789. 42—2016《食品安全国家标准　食品微生物学检验　诺如病毒检验》

本标准规定了食品中诺如病毒（norovirus）的实时荧光 RT – PCR 检测方法。

本标准适用于贝类，生食蔬菜，胡萝卜、瓜、坚果等硬质表面食品，草莓、西红柿、葡萄等软质水果等食品中诺如病毒核酸的检测。

四、放射性检测标准

食品中的放射性物质有来自地壳中的放射性物质，也有来自核武器试验或和平利用放射能所产生的放射性物质，后者属于人为的放射性污染。由于生物体和其所处的环境之间存在固有的物质交换过程，所以在绝大多数动植物性食品中都不同程度地含有天然放射性物质。放射性对生物的危害是十分严重的，所造成的放射性损伤有急性损伤和慢性损伤。因此，对食品中放射性物质进行测定，可以评价食品中放射性物质的含量。

1. GB 14883. 1—2016《食品安全国家标准　食品中放射性物质检验　总则》

本标准规定了 GB 14883 各部分测定方法标准中，有关采样、预处理和检验结果报告等的共同要求（另有专门说明者除外）。

本标准适用于 GB 14883 各部分测定方法标准。

2. GB 14883. 3—2016《食品安全国家标准　食品中放射性物质锶 – 89 和锶 – 90 的测定》

本标准适用于各类食品中锶 – 89（^{89}Sr）和锶 – 90（^{90}Sr）的测定。

3. GB 14883. 4—2016《食品安全国家标准　食品中放射性物质钷 – 147 的测定》

标准适用于各类食品中钷 – 147（^{147}Pm）的测定。

4. GB 14883. 5—2016《食品安全国家标准　食品中放射性物质钋 210 的测定》

本标准适用于各类食品中 – 210（^{210}Po）的测定。

5. GB 14883. 6—2016《食品安全国家标准　食品中放射性物质镭 – 226 和镭 – 228 的测定》

本标准适用于各类食品中镭 – 226（^{226}Ra）和镭 – 228（^{228}Ra）的测定。

6. GB 14883. 7—2016《食品安全国家标准　食品中放射性物质天然钍和铀的测定》

本标准适用于各类食品中天然钍和铀的测定。

7. GB 14883. 8—2016《食品安全国家标准　食品中放射性物质钚 – 239、钚 – 240 的测定》

本标准适用于各类食品中钚 – 239（^{239}Pu）和钚 – 240（^{240}Pu）总放射性浓度的测定。

8. GB 14883. 9—2016《食品安全国家标准　食品中放射性物质碘 – 131 的测定》

本标准适用于各类食品中碘 – 131（^{131}I）的测定。

9. GB 14883.10—2016《食品安全国家标准　食品中放射性物质铯 –137 的测定》

本标准适用于各类食品中铯 –137（^{137}Cs）的测定。

五、辐照食品鉴定

食品辐照是利用电离辐射辐照食品或食品配料的一种食品加工工艺过程。食品经辐照产生某些辐射化学与辐射生物学效应，可抑制发芽、延迟或促进成熟、杀虫、杀菌、防腐和灭菌，达到食品保鲜、延长保质期、减少损失和提高食品卫生品质等目的。辐照技术主要用来处理脱水蔬菜、香辛料、花粉、熟畜禽肉、速溶茶等食品。

1. GB 21926—2016《食品安全国家标准　含脂类辐照食品鉴定　2 – 十二烷基环丁酮的气相色谱 – 质谱分析法》

本标准规定了利用 2 – 十二烷基环丁酮，鉴定含脂辐照食品的气相色谱 – 质谱分析法。

本标准适用于脂肪含量大于 1% 的辐照食品的鉴定。

2. GB 31642—2016《食品安全国家标准　辐照食品鉴定　电子自旋共振波谱法》

本标准规定了含骨食品和含纤维素食品是否接受过辐照的检测鉴定方法。

本标准适用于辐照含纤维素食品和含骨食品的鉴定，涉及产品包括干果、香辛料、新鲜水果蔬菜、谷物和含骨动物产品等。

3. GB 31643—2016《食品安全国家标准　含硅酸盐辐照食品的鉴定　热释光法》

本标准规定了一种检测食品是否接受过辐照的鉴定方法。

本标准适用于可分离硅酸盐的香辛料、脱水蔬菜、新鲜水果和蔬菜等食品。

4. GB 23748—2016《食品安全国家标准　辐照食品鉴定　筛选法》

本标准规定了三种快速筛选食品是否接受过辐照的鉴定方法：光释光法、DNA 彗星试验法和微生物学筛选法。

本标准中的光释光法适用于甲壳类、香辛料和调味品类产品的辐照鉴定；DNA 彗星试验法适用于动物产品、谷物、坚果、果蔬的辐照鉴定；微生物学筛选法适用于冷冻畜禽肉和水产品等各类生鲜食品的辐照鉴定。

六、转基因检测标准

转基因食品是指利用基因工程技术，改变基因组构成的动物、植物和微生物生产的食品和食品添加剂。自转基因番茄于 1994 年在美国批准上市后，转基因食品迅猛发展，产品品种及产量成倍增长，有关转基因食品的安全性问题也日渐凸显。

1. GB/T 19495.1—2004《转基因产品检测　通用要求和定义》

本部分规定了转基因产品检测方法的通用技术要求。

本部分适用于转基因动物、植物、微生物及它们加工产品中转基因成分的检测。

2. GB/T 19495.2—2004《转基因产品检测　实验室技术要求》

本部分规定了转基因产品检测实验室总体技术要求和检验质量控制的基本要求。

本部分适用于以核酸扩增技术和免疫学方法检测转基因产品的实验室，也适用于基因工程等其他相关领域的实验室。

3. GB/T 19495.3—2004《转基因产品检测　核酸提取纯化方法》

本部分规定了转基因产品中 DNA 提取纯化方法以及 DNA 溶液浓度测定的基本要求。本部分适用于转基因食品等加工产品，也适用于转基因农产品。

4. GB/T 19495.4—2004《转基因产品检测　核酸定性 PCR 检测方法》

本部分规定了转基因产品检测的核酸定性 PCR 方法。

本部分适用于种子、饲料、食品和环境样品中转基因成分的定性 PCR 检测。

5. GB/T 19495.5—2004《转基因产品检测　核酸定量 PCR 检测方法》

本部分规定了转基因产品中转基因成分核酸定量检测方法。本部分的规范性附录规定了不同转基因品种和品系核酸定量检测方法。本部分规定了转基因成分绝对含量和相对含量的计算方法。

本部分适用于食品、饲料、种子及其环境材料中转基因成分的实时荧光 PCR 定量检测。本部分也适用于转基因产品中转基因成分定性 PCR 检测阳性结果的确证检测。

6. GB/T 19495.6—2004《转基因产品检测　基因芯片检测方法》

本部分规定了转基因产品基因芯片检测方法。

本部分适用于基因芯片对转基因产品的筛选基因、物种结构特异性基因、品系鉴定检测基因和内源基因等的检测。

7. GB/T 19495.7—2004《转基因产品检测　抽样和制样方法》

本部分规定了植物及其产品中转基因产品检测的抽样和制样方法。

本部分适用于为检测转基因产品而进行的植物及其产品的抽样和制样。

8. GB/T 19495.8—2004《转基因产品检测　蛋白质检测方法》

本部分适用于以检测目标蛋白为基础的转基因产品定性定量检测方法。

本部分附录中列出的检测方法是以现有抗体为基础的检测方法。

9. 农业部《农业转基因生物安全管理通用要求　实验室》等 10 项标准发布为国标

根据《中华人民共和国农业转基因生物安全管理条例》规定，《农业转基因生物安全管理通用要求　实验室》等 10 项标准业经专家审定通过和农业部审查批准，现发布为中华人民共和国国家标准，自 2016 年 10 月 1 日起实施。

农业部 2406 号公告—1 – 2016《农业转基因生物安全管理通用要求　实验室》；

农业部 2406 号公告—2 – 2016《农业转基因生物安全管理通用要求　温室》；

农业部 2406 号公告—3 – 2016《农业转基因生物安全管理通用要求　试验基地》；

农业部 2406 号公告—4 – 2016《转基因生物及其产品食用安全检测　蛋白质 7 天经口毒性试验》；

农业部 2406 号公告—5 – 2016《转基因生物及其产品食用安全检测　外源蛋白质致敏性人血清酶联免疫试验》；

农业部 2406 号公告—6 – 2016《转基因生物及其产品食用安全检测　营养素大鼠表观消化率试验》；

农业部 2406 号公告—7 – 2016《转基因动物及其产品成分检测　DNA 提取和纯化》；

农业部 2406 号公告—8 – 2016《转基因动物及其产品成分检测　人乳铁蛋白基因（hLTF）定性 PCR 方法》；

农业部 2406 号公告—9 – 2016《转基因动物及其产品成分检测　人 α – 乳清蛋白基因（hLALBA）定性 PCR 方法》；

农业部 2406 号公告—10 – 2016《转基因生物及其产品食用安全检测　蛋白质急性经口毒性试验》。

第五节　食品添加剂标准

食品添加剂是指为改善食品品质、色、香、味，以及为防腐、保鲜和加工工艺的需要而加入食品中的人工合成或者天然物质。营养强化剂、食品用香料、胶基糖果中基础剂物质、食品工业用加工助剂也包括在内。

一、添加剂使用标准

1. GB 2760—2014《食品安全国家标准　食品添加剂使用标准》

本标准规定了食品添加剂的使用原则、允许使用的食品添加剂品种、使用范围及最大使用量或残留量。

2. GB 29924—2013《食品安全国家标准　食品添加剂标识通则》

本标准适用于食品添加的标识。食品营养强化剂的标识参照本标准使用。

本标准不适用于为食品添加剂在储藏运输过程中提供保护的储运包装标签的标识。

二、添加剂产品标准

国家卫生和计划生育委员会公告〔2015〕第 8、第 9 号和国家卫生计生委和食品药品监管总局公告〔2016〕第 11 号，相继发布了食品安全国家标准食品添加剂的产品质量标准。

（一）防腐剂

1. GB 1886.184—2016《食品安全国家标准　食品添加剂　苯甲酸钠》

本标准适用于以石油甲苯催化氧化制取的苯甲酸再与离子交换膜法生产的氢氧化钠或碳酸氢钠反应制得的食品添加剂苯甲酸钠。

2. GB 1886.39—2015《食品安全国家标准　食品添加剂　山梨酸钾》

本标准适用于以山梨酸和碳酸钾（或氢氧化钾）用水为溶剂反应制得的食品添加剂山梨酸钾。

（二）抗氧化剂

1. GB 1886. 12—2015《食品安全国家标准　食品添加剂　丁基羟基茴香醚（BHA）》

本标准适用于对羟基茴香醚或对苯二酚与叔丁醇反应生成的食品添加剂丁基羟基茴香醚（BHA）。

2. GB 1886. 14—2015《食品安全国家标准　食品添加剂　没食子酸丙酯（PG）》

本标准适用于没食子酸与正丙醇在酸性脱水剂的条件下，加热酯化而制得的食品添加剂没食子酸丙酯（PG）。

（三）漂白剂

1. GB 1886. 46—2015《食品安全国家标准　食品添加剂　低亚硫酸钠》

本标准适用于食品添加剂低亚硫酸钠。

2. GB 1886. 8—2015《食品安全国家标准　食品添加剂　亚硫酸钠》

本标准适用于食品添加剂亚硫酸钠。

（四）甜味剂

1. GB 1886. 18—2015《食品安全国家标准　食品添加剂　糖精钠》

本标准适用于以苯二甲酸酐为原料经化学合成制得的食品添加剂糖精钠。

2. GB 1886. 234—2016《食品安全国家标准　食品添加剂　木糖醇》

本标准适用于以玉米芯、甘蔗渣和木质等为原料经水解、净化制成木糖，再经加氢等工艺制成的食品添加剂木糖醇，或直接以木糖为原料经加氢等工艺制成的食品添加剂木糖醇。

（五）着色剂

1. GB 1886. 111—2015《食品安全国家标准　食品添加剂　甜菜红》

本标准适用于由红甜菜（紫菜头）用水抽提的提出物，经浓缩、喷雾干燥后所得的食品添加剂甜菜红。

2. GB 1886. 110—2015《食品安全国家标准　食品添加剂　天然苋菜红》

本标准适用于以红苋菜（*Amaranthus tricolor* L.）可食用部分为原料，经水提取，乙醇精制获得的食品添加剂天然苋菜红。

（六）增稠剂

1. GB 1886. 212—2016《食品安全国家标准　食品添加剂　酪蛋白酸钠（又名酪朊酸钠）》

本标准适用于以鲜乳脱脂、经酸点制的凝乳或由干酪素制品为原料，经氢氧化钠或碳酸钠处理、干燥制成的食品添加剂酪蛋白酸钠。

2. GB 1886. 232—2016《食品安全国家标准　食品添加剂　羧甲基纤维素钠》

本标准适用于以纤维素、氢氧化钠及氯乙酸或其钠盐为主要原料制得的食品添加剂羧甲基纤维素钠。

（七）膨松剂

1. GB 1886. 2—2015《食品安全国家标准　食品添加剂　碳酸氢钠》

本标准适用于食品添加剂碳酸氢钠。

2. GB 1886. 245—2016《食品安全国家标准　食品添加剂　复配膨松剂》

本标准适用于 GB 2760 允许使用的食品添加剂品种和食品辅料经物理方法混合而成的复配膨松剂（又称为泡打粉、发泡粉、发酵粉）。

（八）酸度调节剂

1. GB 1886. 235—2016《食品安全国家标准　食品添加剂　柠檬酸》

本标准适用于以淀粉质或糖质原料经发酵制得的食品添加剂柠檬酸。

2. GB 1886. 173—2016《食品安全国家标准　食品添加剂　乳酸》

本标准适用于以淀粉或糖质为原料，采用乳酸杆菌或米根霉菌发酵而制得的食品添加剂乳酸。

（九）乳化剂

1. GB 1886. 238—2016《食品安全国家标准　食品添加剂　改性大豆磷脂》

本标准适用于以天然大豆磷脂为原料，经过适度的乙酰化、羟基化、酰羟化、氢化等单个或多个工序制成的食品添加剂改性大豆磷脂。

2. GB 1886. 236—2016《食品安全国家标准　食品添加剂　丙二醇脂肪酸酯》

本标准适用于以脂肪酸或油脂与 1,2 - 丙二醇反应生成的，经过或不经过分子蒸馏等加工得到的食品添加剂丙二醇脂肪酸酯。

三、添加剂检测标准

1. GB 5009. 28—2016《食品安全国家标准　食品中苯甲酸、山梨酸和糖精钠的测定》

本标准规定了食品中苯甲酸、山梨酸和糖精钠测定的方法。

本标准第一法适用于食品中苯甲酸、山梨酸和糖精钠的测定；第二法适用于酱油、水果汁、果酱中苯甲酸、山梨酸的测定。

2. GB 5009. 32—2016《食品安全国家标准　食品中 9 种抗氧化剂的测定》

本标准规定了食品中没食子酸丙酯（PG）、2,4,5 - 三羟基苯丁酮（THBP）、叔丁基对苯二酚（TBHQ）、去甲二氢愈创木酸（NDGA）、叔丁基对羟基茴香醚（BHA）、2,6 - 二叔丁基 - 4 - 羟甲基苯酚（Ionox - 100）、没食子酸辛酯（OG）、2,6 - 二叔丁基对甲基苯酚

（BHT）、没食子酸十二酯（DG）9种抗氧化剂的5种测定方法：高效液相色谱法、液相色谱串联质谱法、气相色谱质谱法、气相色谱法以及比色法。

本标准液相色谱法适用于食品中PG、THBP、TBHQ、NDGA、BHA、BHT、Ionox-100、OG、DG的测定；液相色谱串联质谱法适用于食品中THBP、PG、OG、NDGA、DG的测定；气相色谱质谱法适用于食品中BHA、BHT、TBHQ、Ionox-100的测定；气相色谱法适用于食品中BHA、BHT、TBHQ的测定；比色法适用于油脂中PG的测定。

3. GB 5009.149—2016《食品安全国家标准 食品中栀子黄的测定》

本标准规定了食品中栀子黄的代表性成分：藏花素、藏花酸的测定方法。

本标准适用于冰淇淋、蜜饯、腌菜、干杏仁、巧克力、糕点、熟肉、酱油、果汁、配制酒、果冻、薯片中藏花素和藏花酸的测定。

4. GB 5009.150—2016《食品安全国家标准 食品中红曲色素的测定》

本标准规定了食品中红曲红素、红曲素、红曲红胺的测定方法。

本标准适用于风味发酵乳、果酱、腐乳、干杏仁、糖果、方便面制品、糕点、饼干、熟肉制品、酱油、果蔬菜汁饮料、固体饮料、配制酒、果冻、薯片中3种红曲色素的测定。

5. GB 5009.31—2016《食品安全国家标准 食品中对羟基苯甲酸酯类的测定》

本标准规定了食品中对羟基苯甲酸甲酯、对羟基苯甲酸乙酯、对羟基苯甲酸丙酯、对羟基苯甲酸丁酯的气相色谱方法。

本标准适用于酱油、醋、饮料及果酱中对羟基苯甲酸甲酯、对羟基苯甲酸乙酯、对羟基苯甲酸丙酯、对羟基苯甲酸丁酯的测定。

6. GB 5009.34—2016《食品安全国家标准 食品中二氧化硫的测定》

本标准规定了果脯、干菜、米粉类、粉条、砂糖、食用菌和葡萄酒等食品中总二氧化硫的测定方法。

本标准适用于果脯、干菜、米粉类、粉条、砂糖、食用菌和葡萄酒等食品中总二氧化硫的测定。

7. GB 5009.35—2016《食品安全国家标准 食品中合成着色剂的测定》

本标准规定了饮料、配制酒、硬糖、蜜饯、淀粉软糖、巧克力豆及着色糖衣制品中合成着色剂（不含铝色锭）的测定方法。

本标准适用于饮料、配制酒、硬糖、蜜饯、淀粉软糖、巧克力豆及着色糖衣制品中合成着色剂（不含铝色锭）的测定。

第六节　食品流通标准

食品流通标准是指食品包装、运输、贮存、配送、装卸、保管、物流信息管理等标准，目的是为了保证食品的营养成分和食品的安全性。

一、接触材料标准

食品接触材料及制品是指在正常使用条件下，各种已经或预期可能与食品或食品添加剂（以下简称食品）接触、或其成分可能转移到食品中的材料和制品，包括食品生产、加工、包装、运输、贮存、销售和使用过程中用于食品的包装材料、容器、工具和设备，以及可能直接或间接接触食品的油墨、黏合剂、润滑油等。不包括洗涤剂、消毒剂和公共输水设施。

（一）产品标准

1. GB 4806.1—2016《食品安全国家标准　食品接触材料及制品通用安全要求》

本标准规定了食品接触材料及制品的基本要求、限量要求、符合性原则、检验方法、可追溯性和产品信息。

本标准适用于各类食品接触材料及制品。

2. GB 4806.3—2016《食品安全国家标准　搪瓷制品》

本标准适用于食品接触用搪瓷制品。

3. GB 4806.4—2016《食品安全国家标准　陶瓷制品》

本标准适用于食品接触用陶瓷制品。

4. GB 4806.5—2016《食品安全国家标准　玻璃制品》

本标准适用于食品接触用玻璃制品。

5. GB 4806.7—2016《食品安全国家标准　食品接触用塑料材料及制品》

本标准适用于食品接触用塑料材料及制品，包括未经硫化的热塑性弹性体材料及制品。

6. GB 4806.8—2016《食品安全国家标准　食品接触用纸和纸板材料及制品》

本标准适用于食品接触用纸和纸板材料及制品。

本标准不适用于再生纤维素薄膜（玻璃纸）制食品接触材料及制品。

7. GB 4806.9—2016《食品安全国家标准　食品接触用金属材料及制品》

本标准适用于食品接触用金属材料及制品。

8. GB 4806.11—2016《食品安全国家标准　食品接触用橡胶材料及制品》

本标准适用于以天然橡胶、合成橡胶（包括经硫化的热塑性弹性体）和硅橡胶为主要原料制成的食品接触材料及制品。

9. GB 4806.10—2016《食品安全国家标准　食品接触用涂料及涂层》

本标准适用于食品接触用涂料及涂层。本标准不适用于纸涂料及涂层。

（二）检测标准

1. GB 5009.156—2016《食品安全国家标准　食品接触材料及制品迁移试验预处理方法通则》

本标准规定了食品接触材料及制品迁移试验预处理方法的试验总则、试剂和材料、设备

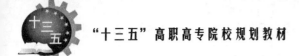

与器具、采样与制样方法、试样接触面积、试样接触面积与食品模拟物体积比、试样的清洗和特殊处理、试验方法、迁移量的测定要求和结果表述要求。

本标准适用于食品接触材料及制品的迁移试验预处理。

2. GB 31604.49—2016《食品安全国家标准　食品接触材料及制品　砷、镉、铬、铅的测定和砷、镉、铬、镍、铅、锑、锌迁移量的测定》

本标准规定了食品接触材料及制品，在食品模拟物中浸泡后砷、镉、铬、镍、铅、锑和锌迁移量测定的电感耦合等离子体质谱法和电感耦合等离子体发射光谱法；规定了纸制品和软木塞中砷、镉、铬、铅元素测定的电感耦合等离子体质谱法。

本标准适用于各类食品接触材料及制品中砷、镉、铬、镍、铅、锑、锌迁移量的测定，以及纸制品和软木塞中砷、镉、铬、铅的测定。

3. GB 31604.27—2016《食品安全国家标准　食品接触材料及制品　塑料中环氧乙烷和环氧丙烷的测定》

本标准规定了食品接触材料及制品中环氧乙烷和环氧丙烷的测定方法。

本标准适用于塑料食品接触材料及制品中环氧乙烷和环氧丙烷的测定。

4. GB 31604.8—2016《食品安全国家标准　食品接触材料及制品　总迁移量的测定》

本标准规定了食品接触材料及制品中总迁移量的测定方法。

本标准适用于食品接触材料及制品中总迁移量的测定。不适用于植物油类食品模拟物总迁移量的测定。

5. GB 31604.30—2016《食品安全国家标准　食品接触材料及制品　邻苯二甲酸酯的测定和迁移量的测定》

本标准规定了食品接触材料及制品中邻苯二甲酸酯的测定和迁移量的测定方法。

本标准适用于食品塑料包装材料及制品中邻苯二甲酸酯类物质的测定，以及食品接触材料及制品中邻苯二甲酸酯类物质迁移量的测定。

6. GB 31604.32—2016《食品安全国家标准　食品接触材料及制品　木质材料中二氧化硫的测定》

本标准规定了食品接触木（竹）质材料中二氧化硫滴定法和比色法的测定方法。

本标准适用于木（竹）筷、木（竹）碗、木（竹）勺、木（竹）铲中二氧化硫的测定。

7. GB 31604.34—2016《食品安全国家标准　食品接触材料及制品　铅的测定和迁移量的测定》

本标准规定了食品接触材料及制品在食品模拟物中浸泡后，铅迁移量及纸制品、软木塞中铅测定的石墨炉原子吸收光谱法、电感耦合等离子体质谱法、电感耦合等离子体发射光谱法和火焰原子吸收光谱法。

本标准适用于食品接触材料及其制品中铅迁移量及纸制品、软木塞中铅的测定。

8. GB 31604.47—2016《食品安全国家标准　食品接触材料及制品　纸、纸板及纸制品中荧光增白剂的测定》

本标准规定了食品用纸、纸板及纸制品中荧光增白剂的测定方法。

本标准适用于食品用纸、纸板及纸制品中荧光增白剂的测定。

9. GB 31604.48—2016《食品安全国家标准　食品接触材料及制品　甲醛迁移量的测定》

本标准规定了食品接触材料及制品甲醛迁移量的分光光度测定方法。

本标准适用于食品接触材料及制品中甲醛迁移量的测定。

二、标签标准

食品标签是食品生产企业向社会出示的一种公开、透明的产品自我声明，是企业向广大消费者做出的食品质量等级的承诺，具有企业行为和食品质量的双层内涵。食品生产者通过食品标签来披露食品的质量信息、营养信息、安全信息，也可以通过食品标签对其产品进行宣传。消费者在选购食品时，往往把食品标签展示的内容作为选购食品的重要参考信息。

1. GB 28050—2011《食品安全国家标准　预包装食品营养标签通则》

本标准适用于预包装食品营养标签上营养信息的描述和说明。本标准不适用于保健食品及预包装特殊膳食用食品的营养标签标示。

2. GB/T 30643—2014《食品接触材料及制品标签通则》

本标准规定了食品接触材料及制品标签的基本原则、制作要求和标注内容。

本标准适用于直接提供给消费者最终使用的食品接触材料及制品。

食品接触材料及制品（food contact materials and articles）：在正常使用条件下，各种已经或预期与食品接触、或其成分可能转移到食物中的材料和制品。包括食品包装材料和容器、食品加工工具和设备、餐饮器具等。

食品接触材料及制品标签（label of food contact materials and articles）：用以表示食品接触材料及制品名称、质量等级、商品量、使用方法、生产者或者销售者等相关信息的文字、符号、数字、图案以及其他说明的总称。

3. GB 13432—2013《食品安全国家标准　预包装特殊膳食用食品标签》

本标准适用于预包装特殊膳食用食品的标签（含营养标签）。

4. GB 7718—2011《食品安全国家标准　预包装食品标签通则》

本标准适用于直接提供给消费者的预包装食品标签和非直接提供给消费者的预包装食品标签。

本标准不适用于为预包装食品在储藏运输过程中提供保护的食品储运包装标签、散装食品和现制现售食品的标识。

5. GB/T 32950—2016《鲜活农产品标签标识》

本标准规定了鲜活农产品标签标识的基本要求、内容、方式等。

本标准适用于鲜活农产品的标签标识，包括预包装、散装、裸装、储运包装，以及现制现售的可食用鲜活农产品和非食用鲜活农产品的标签标识。

三、贮运标准

食品在贮运过程中易遭受微生物的污染，从而降低食品的质量和食用安全性。因此，在食品物流企业实施标准化作业就显得尤为重要。食品贮运标准的制定，是食品物流服务行业发展的需要，也是保证食品品质安全的需要，同时也可促进物流业的健康有序发展。

1. GB/T 31078—2014《低温仓储作业规范》

本标准规定了低温仓储的入库作业、储存作业、出库作业、环境控制、安全控制及信息处理的要求。

本标准适用于公共低温仓库的仓储作业活动；自营低温仓库的仓储作业活动可参照执行。本标准不适用于人工调控气体成分的低温仓库、仓储作业自动化的低温仓库、储存危险品或有毒有害物品的低温仓库，以及国家相关部门有特殊要求的低温仓库的仓储作业活动。

2. GB/T 31086—2014《物流企业冷链服务要求与能力评估指标》

本标准规定了物流企业从事农产品、食品冷链服务所应满足的基本要求，以及物流企业冷链服务类型、能力级别划分及评估指标。

本标准适用于物流企业的农产品、食品冷链服务及管理。

3. GB/T 31081—2014《塑料箱式托盘》

本标准规定了塑料箱式托盘的分类、技术要求、试验方法、检验规则、标志、运输和储存。

本标准适用于以高密度聚乙烯、共聚聚丙烯等塑料为主要原料，满足一定额定载荷、堆码载荷等性能要求的可重复使用的塑料箱式托盘。

4. GB/T 31080—2014《水产品冷链物流服务规范》

本标准规定了水产品冷链物流服务的基本要求、接收地作业、运输、仓储作业、加工与配送、货物交接、包装与标志要求和服务质量的主要评价指标。

本标准适用于鲜、活、冷冻和超低温动物性水产品流通过程中的冷链物流服务；水产品生产过程中涉及的水产品冷链物流服务亦可参照执行。

5. GB/T 29372—2012《食用农产品保鲜贮藏管理规范》

本标准规定了食用农产品保鲜贮藏基本要求、贮藏前的准备、贮藏及运输要求。

本标准适用于果蔬、肉类、水产品等的保鲜贮藏。

6. GB/T 28640—2012《畜禽肉冷链运输管理技术规范》

本标准规定了畜禽肉的冷却冷冻处理、包装及标识、贮存、装卸载、运输、节能要求以及人员的基本要求。

本标准适用于生鲜畜禽肉从运输准备到实现最终消费前的全过程冷链运输管理。

7. GB/T 26544—2011《水产品航空运输包装通用要求》

本标准规定了航空运输水产品包装的基本要求、包装材料、包装容器和包装方法。

本标准适用于水产品航空运输包装。本标准不适用于有特殊要求的水产品包装。

8. GB/T 33449—2016《物流单证基本要求》

本标准规定了物流领域运输、仓储单证编制的基本原则、要求、要素以及单证填制和使用的要求。

本标准适用于对物流领域单证的编制与应用。

9. GB/T 33458—2016《公路物流主要单证要素要求》

本标准规定了公路物流主要单证的基本要素。

本标准适用于公路运输物流活动交接环节所使用的单证。

 复习思考题

1. 什么是食品基础标准?

2. 什么是食品产品标准?

3. 什么是食品安全标准?

4. 什么是食品检验标准?

5. 什么是食品添加剂?

第四章　中国食品法规

【本章提要】

简要介绍了我国食品安全法、标准化法、产品质量法、农产品质量安全法以及食品安全相关法规。

【学习目标】

熟悉食品安全法、标准化法、产品质量法、农产品质量安全法的主要内容以及其他主要的食品法规。

食品法规是指由国家制定的适用于食品从农田到餐桌各个环节的一整套法律规定。食品法规是国家对食品进行有效监督管理的基础。我国目前已基本形成了由国家基本法律、行政法规和部门规章构成的食品法律法规体系。

第一节　法规知识

法是国家按照统治阶级的利益和意志制定或认可的，并由国家强制力保证其实施的行为规范的总称。法的目的在于维护有利于统治阶级的社会关系和社会秩序，是统治阶级实现其统治的重要工具。法是一种特殊的社会规范，它具有规范性、国家意志性、国家强制性、普遍性和程序性等特征。

法规是指由国家制定和发布的规范性法律文件的总称。食品法规的渊源又称食品法规的法源，主要是指由不同国家机关制定或认可的、具有不同法律效力的各种规范性食品法律文件的总称。

一、法规渊源

食品法规的渊源主要有宪法、食品法律、食品行政法规、地方性食品法规、食品自治条例与单行条例、食品规章、食品标准、国际条约。

1. 宪法

宪法是我国的根本大法，是国家最高权力机关通过法定程序制定的具有最高法律效力的规范性法律文件。它规定国家的社会制度和国家制度、公民的基本权利和义务等最根本的全局性的问题，是制定食品法律、法规的来源和基本依据。

2. 食品法律

食品法律是指由全国人大及其常委会经过特定的立法程序制定的规范性法律文件。它的地位和效力仅次于宪法。它有两种：

一是由全国人大制定的食品法律，称为基本法；

二是由全国人大常委会制定的食品基本法律以外的食品法律。

3. 食品行政法规

行政法规是由国务院根据宪法和法律，在其职权范围内制定的有关国家食品行政管理活动的规范性法律文件，其地位和效力仅次于宪法和法律。党中央和国务院联合发布的决议或指示，既是党中央的决议和指示，也是国务院的行政法规或其他规范性文件，具有法的效力。国务院各部委所发布的具有规范性的命令、指示和规章，也具有法的效力，但其法律地位低于行政法规。

4. 地方性法规

地方性法规是指省、自治区、直辖市，以及省级人民政府所在地的市和经国务院批准的较大的市的人民代表大会及其常委会制定的适用于本地方的规范性文件。除地方性法规外，地方各级权力机关及其常设机关、执行机关所制定的决定、命令、决议，凡属规范性者，在其辖区范围内，也都属于法的渊源。地方性法规和地方其他规范性文件不得与宪法、法律和行政法规相抵触。

5. 食品自治条例和单行条例

食品自治条例和单行条例是由民族自治地方的人民代表大会依照当地民族的政治、经济和文化的特点制定的食品生产规范性文件。自治区的自治条例和单行条例，报全国人大常委会批准后生效；州、县的自治条例和单行条例报上一级人大常委会批准后生效。

6. 食品规章

食品规章分为两种类型：一是指由国务院行政部门依法在其职权范围内制定的食品行政管理规章，在全国范围内具有法律效力；二是指由各省、自治区、直辖市以及省、自治区人民政府所在地和经国务院批准的较大规模的市的人民政府，根据食品法律在其职权范围内制定和发布的有关地区食品管理方面的规范性文件。

由于食品法规的内容具有技术控制和法律控制的双重性质，因此食品标准、食品技术规范和操作规程就成为食品法规渊源的一个重要组成部分。这些标准、规范和规程可分为国家和地方两级。值得注意的是，这些标准、规范和规程的法律效力虽然不及法律、法规，但在具体的执法过程中，它们的地位又是相当重要的。因为食品法律、法规只对一些问题作了原则性规定，而对某种行为的具体控制，则需要依靠标准、规范和规程。从一定意义说，只要食品法律、法规对某种行为作了规范，食品标准、规范和规程对这种行为的控制就有极高的法律效力。

7. 食品标准

由于食品法律法规具有技术控制和法律控制的双重性，食品标准、食品技术规范和食品操作规程也成为了食品法律渊源的重要组成部分。食品标准、食品技术规范和食品操作规程可分为国家和地方两级。其法律效力虽不及法律法规，但在具体的执法过程中具有相当重要的地位，是对某种行为的具体控制。

8. 与食品有关的国际条约

与食品有关的国际条约是指我国与外国缔结的或者我国加入并生效的国际法规范性文件。它可由国务院按职权范围同外国缔结相应的条约和协定。这种与食品有关的国际条约虽然不属于我国国内法的范畴，但其一旦生效，除我国声明保留的条款外，也与我国国内法一样对我国国家机关和公民具有约束力。

二、法规与标准

法规和标准都是现代社会和经济活动必不可少的统一规定，它们既有区别又有联系。两者都具有公开性、明确性、严肃性、权威性、约束性等特点，但两者之间也有以下不同：

（1）法律法规是人们在社会生活中所必须遵循的具强制性的社会规范，而标准是人们在处理客观事物时所遵循的技术规范；

（2）法律法规具有基础性和本源性，而标准的制定必须要以法律为依据；

（3）法律法规涉及政治、经济、社会等各个层面，而标准主要涉及技术层面；

（4）法律法规都是较为稳定的规范性文件，而标准在形式上有文字的也有实物的，并且随着科技的发展被不断地修改和完善；

（5）法律法规都是强制执行的，而标准分为强制标准和推荐标准，对推荐标准企业有不执行的权利。

随着经济和社会技术的发展，越来越多的立法把遵循技术规范确定为法律义务，从而把社会规范和技术规范紧密地结合在一起。目前所有的食品标准都为强制性标准。

三、立法体制

立法体制主要是指立法权限划分的制度。具体来讲包括两方面：一是中央与地方立法权限的划分；二是中央各国家机关之间立法权限的划分。

我国是统一的、单一制的国家，各地方经济、社会发展又很不平衡，在最高国家权力机关集中行使立法权的前提下，根据宪法确定的"在中央的统一领导下，充分发挥地方的主动性、积极性"的原则，确立了我国的统一而又分层次的立法体制。实践证明，这样一个立法体制是符合我国国情的。

所谓统一：一是所有立法都必须以宪法为依据，不得与宪法相抵触，下位法不得与上位法相抵触；二是国家立法权由全国人大及其常委会统一行使，法律只能由全国人大及其常委会制定。

所谓分层次，就是在保证国家法制统一的前提下，国务院、省级人大及其常委会，以及较大市的人大及其常委会、自治地方人大、国务院各部委、省级人民政府和较大的市人民政府，分别可以制定行政法规、地方性法规、自治条例和单行条例。

分层次的立法体制主要通过两个方面保证法制统一。一方面，明确不同层次法律规范的效力。宪法具有最高的法律效力，一切法律、法规都不得同宪法相抵触。法律的效力高于行政法规，行政法规不得同法律相抵触。法律、行政法规的效力高于地方性法规和规章，地方性法规和规章不得同法律、行政法规相抵触。地方性法规的效力高于地方政府规章，地方政府规章不得同地方性法规相抵触。另一方面，实行立法监督制度。行政法规要向全国人大常委会备案，地方性法规要向全国人大常委会和国务院备案，规章要向国务院备案。全国人大常委会有权撤销同宪法、法律相抵触的行政法规和地方性法规，国务院有权改变或者撤销不适当的规章。

第二节　食品相关法规

一、标准化法

1988年12月29日第七届全国人民代表大会常务委员会第五次会议通过，自1989年4月1日起施行。

（一）立法目的

为了发展社会主义商品经济，促进技术进步，改进产品质量，提高社会经济效益，维护国家和人民的利益，使标准化工作适应社会主义现代化建设和发展对外经济关系的需要，制定本法。

对下列需要统一的技术要求，应当制定标准：

（1）工业产品的品种、规格、质量、等级或者安全、卫生要求；

（2）工业产品的设计、生产、检验、包装、储存、运输、使用的方法或者生产、储存、运输过程中的安全、卫生要求；

（3）有关环境保护的各项技术要求和检验方法；

（4）建设工程的设计、施工方法和安全要求；

（5）有关工业生产、工程建设和环境保护的技术术语、符号、代号和制图方法。

（二）主要内容

《中华人民共和国标准化法》共5章26条。内容包括：

第一章　总则；

第二章　标准的制定；

第三章　标准的实施；

第四章　法律责任；

第五章　附则。

第四章　中国食品法规

为了加强标准化工作，保证产品和服务质量，促进产业转型升级，提高经济社会发展水平，2016 年《中华人民共和国标准化法（修订草案征求意见稿)》公布。

二、产品质量法

1993 年 2 月 22 日第七届全国人民代表大会常务委员会第三十次会议通过，根据 2000 年 7 月 8 日第九届全国人民代表大会常务委员会第十六次会议《关于修改〈中华人民共和国产品质量法〉的决定》第一次修正，根据 2009 年 8 月 27 日第十一届全国人民代表大会常务委员会第十次会议《关于修改部分法律的决定》第二次修正。

（一）立法目的

为了加强对产品质量的监督管理，提高产品质量水平，明确产品质量责任，保护消费者的合法权益，维护社会经济秩序，制定本法。

在中华人民共和国境内从事产品生产、销售活动，必须遵守本法。本法所称产品是指经过加工、制作，用于销售的产品。

（二）主要内容

《中华人民共和国产品质量法》共 6 章 74 条。内容包括：

第一章　总则；

第二章　产品质量的监督；

第三章　生产者、销售者的产品质量责任和义务；

第四章　损害赔偿；

第五章　罚则；

第六章　附则。

三、食品安全法

2009 年 2 月 28 日第十一届全国人民代表大会常务委员会第七次会议通过，2015 年 4 月 24 日第十二届全国人民代表大会常务委员会第十四次会议修订。自 2015 年 10 月 1 日起施行。

（一）立法目的

为了保证食品安全，保障公众身体健康和生命安全，制定本法。

在中华人民共和国境内从事下列活动，应当遵守本法：

（1）食品生产和加工（以下称食品生产），食品销售和餐饮服务（以下称食品经营）；

（2）食品添加剂的生产经营；

（3）用于食品的包装材料、容器、洗涤剂、消毒剂和用于食品生产经营的工具、设备（以下称食品相关产品）的生产经营；

（4）食品生产经营者使用食品添加剂、食品相关产品；

（5）食品的贮存和运输；

（6）对食品、食品添加剂、食品相关产品的安全管理。

（二）主要内容

《中华人民共和国食品安全法》共 10 章 154 条。内容包括：

第一章　总则；

第二章　食品安全风险监测和评估；

第三章　食品安全标准；

第四章　食品生产经营；

第五章　食品检验；

第六章　食品进出口；

第七章　食品安全事故处置；

第八章　监督管理；

第九章　法律责任；

第十章　附则。

《中华人民共和国食品安全法》配套文件将出台。目前，国家食品药品监督管理总局已经出台了《食品安全抽样检验管理办法》（食药总局令〔2015〕11 号）、《食品召回管理办法》（食药总局令〔2015〕12 号）、《食品生产许可管理办法》（食药总局令〔2015〕16 号）、《食品经营许可管理办法》（食药总局令〔2015〕17 号）以及《食品安全法实施条例》（修订草案送审稿）等规章。

四、农产品质量安全法

2006 年 4 月 29 日，第十届全国人民代表大会常务委员会第二十一次会议通过，自 2006 年 11 月 1 日起施行。

（一）立法目的

为保障农产品质量安全，维护公众健康，促进农业和农村经济发展，制定本法。

本法所称农产品，是指来源于农业的初级产品，即在农业活动中获得的植物、动物、微生物及其产品。本法所称农产品质量安全，是指农产品质量符合保障人的健康、安全的要求。

（二）主要内容

《中华人民共和国农产品质量安全法》共 8 章 56 条。内容包括：

第一章　总则；

第二章　农产品质量安全标准；

第三章　农产品产地；

第四章　农产品生产；

第五章　农产品包装和标识；

第六章　监督检查；

第七章　法律责任；

第八章　附则。

《中华人民共和国农产品质量安全法》是 2006 年颁布实施的，无论从农产品质量安全监管的角度看，还是从和《中华人民共和国食品安全法》的衔接来说，都需要尽快修订。2016 年农业部已经启动了《中华人民共和国农产品质量安全法》修订的前期准备工作。

第三节　其他相关法规

一、计量法

1985 年 9 月 6 日，第六届全国人民代表大会常务委员会第十二次会议通过，根据 2009 年 8 月 27 日第十一届全国人民代表大会常务委员会第十次会议《关于修改部分法律的决定》第一次修正，根据 2013 年 12 月 28 日第十二届全国人民代表大会常务委员会第六次会议《关于修改〈中华人民共和国海洋环境保护法〉等七部法律的决定》第二次修正，根据 2015 年 4 月 24 日第十二届全国人民代表大会常务委员会第十四次会议《关于修改〈中华人民共和国计量法〉等五部法律的决定》第三次修订。

（一）立法目的

为了加强计量监督管理，保障国家计量单位制的统一和量值的准确可靠，有利于生产、贸易和科学技术的发展，适应社会主义现代化建设的需要，维护国家、人民的利益，制定本法。

在中华人民共和国境内，建立计量基准器具、计量标准器具，进行计量检定，制造、修理、销售、使用计量器具，必须遵守本法。

（二）主要内容

《中华人民共和国计量法》共 6 章 34 条。内容包括：

第一章　总则；

第二章　计量基准器具、计量标准器具和计量检定；

第三章　计量器具管理；

第四章　计量监督；

第五章　法律责任；

第六章 附则。

二、商标法

1982 年 8 月 23 日第五届全国人民代表大会常务委员会第二十四次会议通过，根据 1993 年 2 月 22 日第七届全国人民代表大会常务委员会第三十次会议《关于修改〈中华人民共和国商标法〉的决定》第一次修正，根据 2001 年 10 月 27 日第九届全国人民代表大会常务委员会第二十四次会议《关于修改〈中华人民共和国商标法〉的决定》第二次修正，根据 2013 年 8 月 30 日第十二届全国人民代表大会常务委员会第四次会议《关于修改〈中华人民共和国商标法〉的决定》第三次修正)。

(一) 立法目的

为了加强商标管理，保护商标专用权，促使生产、经营者保证商品和服务质量，维护商标信誉，以保障消费者和生产、经营者的利益，促进社会主义市场经济的发展，特制定本法。

国务院工商行政管理部门商标局主管全国商标注册和管理的工作。

(二) 主要内容

《中华人民共和国商标法》共 8 章 73 条。内容包括：

第一章 总则；

第二章 商标注册的申请；

第三章 商标注册的审查和核准；

第四章 注册商标的续展、变更、转让和使用许可；

第五章 注册商标的无效宣告；

第六章 商标使用的管理；

第七章 注册商标专用权的保护；

第八章 附则。

三、广告法

1994 年 10 月 27 日第八届全国人民代表大会常务委员会第十次会议通过，2015 年 4 月 24 日第十二届全国人民代表大会常务委员会第十四次会议修订。

(一) 立法目的

为了规范广告活动，保护消费者的合法权益，促进广告业的健康发展，维护社会经济秩序，制定本法。

在中华人民共和国境内，商品经营者或者服务提供者通过一定媒介和形式直接或者间接地介绍自己所推销的商品或者服务的商业广告活动，适用本法。

（二）主要内容

《中华人民共和国广告法》共 6 章 75 条。内容包括：

第一章　总则；

第二章　广告内容准则；

第三章　广告行为规范；

第四章　监督管理；

第五章　法律责任；

第六章　附则。

四、商检法

1989 年 2 月 21 日第七届全国人民代表大会常务委员会第六次会议通过，根据 2002 年 4 月 28 日第九届全国人民代表大会常务委员会第二十七次会议《关于修改〈中华人民共和国进出口商品检验法〉的决定》第一次修正，根据 2013 年 6 月 29 日第十二届全国人民代表大会常务委员会第三次会议《关于修改〈中华人民共和国文物保护法〉等十二部法律的决定》第二次修正。

（一）立法目的

为了加强进出口商品检验工作，规范进出口商品检验行为，维护社会公共利益和进出口贸易有关各方的合法权益，促进对外经济贸易关系的顺利发展，制定本法。

国务院设立进出口商品检验部门（以下简称国家商检部门），主管全国进出口商品检验工作。国家商检部门设在各地的进出口商品检验机构（以下简称商检机构）管理所辖地区的进出口商品检验工作。

（二）主要内容

《中华人民共和国进出口商品检验法》共 6 章 41 条。内容包括：

第一章　总则；

第二章　进口商品的检验；

第三章　出口商品的检验；

第四章　监督管理；

第五章　法律责任；

第六章　附则。

五、消费者权益保护法

1993 年 10 月 31 日第八届全国人民代表大会常务委员会第四次会议通过，根据 2009 年

8月27日第十一届全国人民代表大会常务委员会第十次会议《关于修改部分法律的决定》第一次修正，根据2013年10月25日第十二届全国人民代表大会常务委员会第五次会议《关于修改〈中华人民共和国消费者权益保护法〉的决定》第二次修正。

（一）立法目的

为保护消费者的合法权益，维护社会经济秩序，促进社会主义市场经济健康发展，制定本法。

消费者为生活消费需要购买、使用商品或者接受服务，其权益受本法保护；本法未作规定的，受其他有关法律、法规保护。

（二）主要内容

《中华人民共和国消费者权益保护法》共8章63条。内容包括：

第一章　总则；

第二章　消费者的权利；

第三章　经营者的义务；

第四章　国家对消费者合法权益的保护；

第五章　消费者组织；

第六章　争议的解决；

第七章　法律责任；

第八章　附则。

根据《中华人民共和国消费者权益保护法》，2016年《中华人民共和国消费者权益保护法实施条例（征求意见稿）》公布。

六、食品行政法规

食品行政法规是由国务院根据宪法和法律，在其职权范围内制定的有关国家食品行政管理活动的规范性法律文件，其地位和效力仅次于宪法和法律。行政法规的名称为条例、规定和办法。部门规章包括国务院各行政部门制定的部门规章和地方人民政府制定的规章。食品安全法实施以来，重要的食品行政法规和部门规章见表4-1。

表4-1　重要的食品行政法规和部门规章

法规标题	发布单位	法规文号	发布日期
《国家鼓励的有毒有害原料（产品）替代品目录（2016年版）》	工业和信息化部、科学技术部、环境保护部	工信部联节〔2016〕398号	2016-12-14
《粮食质量安全监管办法》	国家发展和改革委员会	国家发改委令〔2016〕42号	2016-09-08

续表

法规标题	发布单位	法规文号	发布日期
《保健食品注册与备案管理办法》	国家食品药品监督管理总局	食品药品监管总局令〔2016〕22号	2016－02－26
《生鲜乳购销合同（示范文本）》	农业部、工业和信息化部国家工商行政管理总局	农牧发〔2016〕8号	2016－05－27
《主要农作物品种审定办法》	农业部	农业部令〔2016〕4号	2016－07－08
《质量管理体系认证规则》	国家认监委	国家认监委公告〔2016〕20号	2016－08－05
《食品检验机构资质认定条件》	食品药品监管总局、国家认监委	食药监科〔2016〕106号	2016－08－08
《食品检验工作规范》	国家食品药品监督管理总局	食药监科〔2016〕170号	2016－12－30
《进境水生动物检验检疫监督管理办法》	国家质量监督检验检疫总局	质检总局令〔2016〕183号）	2016－09－01
《进出境粮食检验检疫监督管理办法》	国家质量监督检验检疫总局	质检总局令〔2016〕177号	2016－01－20
《食品生产许可审查通则》	国家食药监总局	食药监食监一〔2016〕103号	2016－08－09
《进口食品接触产品检验监管工作规范》	国家质量监督检验检疫总局	国家质检总局公告〔2016〕31号	2016－03－28
《北京市食品经营许可管理办法（试行)》	北京市食品药品监督管理局		2016－09－30

复习思考题

1. 什么是法？法有哪些特征？
2. 食品安全法的主要内容是什么？
3. 标准化法的主要内容是什么？
4. 产品质量法的主要内容是什么？
5. 农产品质量安全法的主要内容是什么？

第五章　国际食品标准与法规

【本章提要】

简要介绍了国际食品标准、国际食品标准组织、发达国家食品标准与法规以及采用国际标准的原则和方法。

【学习目标】

了解国际食品标准组织和发达国家食品标准与法规的内容，熟悉采用国际标准的原则和方法。

第一节　国际食品标准

一、国际标准

《采用国际标准管理办法》（国家质检总局令〔2001〕10 号）中，对"国际标准"的定义为：国际标准是指国际标准化组织（ISO）、国际电工委员会（IEC）和国际电信联盟（ITU）制定的标准，以及国际标准化组织确认并公布的其他国际组织制定的标准。

截至 2010 年年底，ISO 已发布了 18536 个国际标准，IEC 发布了 6146 个国际标准，被国际标准化组织确认并公布的其他国际组织共有 49 个：

(1) 国际计量局（BIPM）；

(2) 国际人造纤维标准化局（BISFA）；

(3) 航天数据系统咨询委员会（CCSDS）；

(4) 国际建筑物研究和创新理事会（CIB）；

(5) 国际照明委会员（CIE）；

(6) 国际内燃机理事会（CIMAC）；

(7) 食品法典委员会（CAC）；

(8) 烟草制品社会调查合作中心（CORESTA）；

(9) 建筑混凝土国际联合会（FIB）；

(10) 林业工作理事会（FSC）；

(11) 国际原子能机构（IAEA）；

(12) 国际航空运输协会（IATA）；

(13) 国际民航组织（ICAO）；

（14）国际谷类加工食品科学技术协会（ICC）；

（15）国际文化财产保护与修复研究中心（ICCROM）；

（16）国际民防组织（ICDO）；

（17）国际排灌委员会（ICID）；

（18）国际辐射防护委员会（ICRP）；

（19）国际辐射单位和测量委员会（ICRU）；

（20）糖分析方法国际委员会（ICUMSA）；

（21）国际乳制品联合会（IDF）；

（22）互联网工程任务组（IETF）；

（23）国际图书馆协会与学会联合会（IFLA）；

（24）国际有机农业运动联合会（IFOAM）；

（25）国际天然气联合会（IGU）；

（26）世界牙科联合会（FDI）；

（27）货物运输协会国际联合会（FIATA）；

（28）国际制冷学会（IIR）；

（29）国际焊接协会（IIW）；

（30）国际劳工组织（ILO）；

（31）国际海事组织（IMO）；

（32）国际橄榄油理事会（IOC）；

（33）国际种子测试协会（ISTA）；

（34）皮革加工与药剂师协会国际联盟（IULTCS）；

（35）国际理论和应用化学联合会（IUPAC）；

（36）国际毛纺组织（IWTO）；

（37）国际兽疫局（OIE）；

（38）国际法制计量组织（OIML）；

（39）国际葡萄与葡萄酒局（OIV）；

（40）国际铁路客运政府间组织（OTIF）；

（41）国际原料和结构测试研究实验室联盟（RILEM）；

（42）国际铁路联盟（UIC）；

（43）管理、商业和运输程序及操作简易中心（UN/CEFACT）；

（44）联合国教科文组织（UNESCO）；

（45）万国邮政联盟（UPU）；

（46）国际海关组织（WCO）；

（47）世界卫生组织（WHO）；

（48）世界知识产权组织（WIPO）；

（49）世界气象组织（WMO）。

二、国际标准的作用

国际标准在协调国际贸易、消除贸易技术壁垒等方面发挥重要作用，是解决国际贸易争端的参考依据。

三、国际食品标准组织

（一）食品法典委员会（CAC）

食品法典（Codex Alimentarius）是拉丁词汇的译义，即涉及食品的一套标准和法规。

食品法典委员会（Codex Alimentarius Commission，CAC）是联合国粮农组织（FAO）和世界卫生组织（WHO）于 1963 年联合设立的政府间国际组织，专门负责协调政府间的食品标准制定，以及建立一套完整的食品国际标准体系。法典委员会目前由 185 个成员国和欧盟组成，每年举行一次会议，就全球食品标准及保护消费者健康和确保食品公平贸易提出建议和指南。

（二）国际标准化组织（ISO）

国际标准化组织（International Organization for Standardization，ISO）于 1947 年 2 月 23 日正式成立，总部设在瑞士的日内瓦，是当今世界上最大、最有权威性的标准化机构，是非政府性的，由各国标准化团体组成的世界性联合会。其宗旨是在全球范围内促进标准化工作的发展，以利于国际资源的交流和合理配置，扩大各国科学知识和经济领域的合作。

"ISO"与国际标准化组织的全称首字母缩写无关，它来源于希腊语"ISOS"，即"E-QUAL"，表示"平等""均等"之意。ISO 的官方语言为英语、法语和俄语，由于"国际标准化组织"在这三种语言文字中的缩写各不相同（英文缩写为"IOS"，法文缩写为"OIN"），最终采用了源自希腊语的"ISOS"的缩写"ISO"，并沿用至今。

ISO 9000 质量管理体系标准、ISO 14000 环境管理体系标准和 ISO 22000 食品安全管理体系标准，这三大管理体系标准已被世界各国广泛采用和认同，并且持续修改完善使之更具有普遍的适用性、实践性和指导性。

1. ISO 9001：2015《质量管理体系　要求》

国际化标准组织（ISO）于 2015 年 9 月 23 日正式发布，宣告着第三代管理标准（G3）时代如期而来。自 2000 年 ISO 9001 最后一次重大修改之后，商业需求和期望发生了明显变化。这些改变包括要求更高的客户、新技术的出现、越来越复杂的供应链，以及对可持续性发展计划越来越强烈的意识。

2. GB/T 19001—2016/ISO 9001：2015《质量管理体系　要求》

本标准为下列组织规定了质量管理体系要求：

（1）需要证实其具有稳定提供满足顾客要求及适用法律法规要求的产品和服务的能力；

（2）通过体系的有效应用，包括体系改进的过程，以及保证符合顾客要求和适用的法律法规要求，旨在增强顾客满意。

本标准规定的所有要求是通用的，旨在适用于各种类型、不同规模和提供不同产品和服务的组织。

3. ISO 14001：2015《环境管理体系　要求及使用指南》

ISO 14001 作为世界上首个被广泛采用的环境管理体系国际标准，经过了自 1996 年正式发布以来的首次重大改版，国际化标准组织（ISO）于 2015 年 9 月 15 日正式发布。可确保其能够继续帮助组织改进业务流程、节约成本和应对未来的环境挑战，帮助企业与环境领域的变化保持同步，确保其始终处于领先地位。

4. GB/T 24001—2016/ISO 14001：2015《环境管理体系　要求及使用指南》

本标准规定了组织能够用于提升其环境绩效的环境管理体系要求。本标准可供寻求以系统的方式管理其环境责任的组织使用，从而为"环境支柱"的可持续性做出贡献。

本标准可帮助组织实现其环境管理体系的预期结果，这些结果将为环境、组织自身和相关方带来价值。与组织的环境方针保持一致的环境管理体系预期结果包括：

——提升环境绩效；

——履行合规义务；

——实现环境目标。

本标准适用于任何规模、类型和性质的组织，并适用于组织基于生命周期观点所确定的其活动、产品和服务中能够控制或能够施加影响的环境因素。本标准并未提出具体的环境绩效准则。

本标准能够全部或部分地用于系统地改进环境管理；然而，只有当本标准的所有要求都被包含在组织的环境管理体系中且全部得到满足，组织才能声明符合本标准。

5. ISO 22000：2005《食品安全管理体系　食品链中各类组织的要求》

随着经济全球化的发展、社会文明程度的提高，人们越来越关注食品的安全问题。要求生产、操作和供应食品的组织，证明自己有能力控制食品安全危害和那些影响食品安全的因素。顾客的期望、社会的责任，使食品生产、操作和供应的组织逐渐认识到，应当有标准来指导操作、保障、评价食品安全管理。国际化标准组织（ISO）于 2005 年 9 月 1 日正式发布食品安全管理体系标准，旨在保证全球的安全食品供应。

食品安全管理体系标准既是描述食品安全管理体系要求的使用指导标准，又是可供食品生产、操作和供应的组织认证和注册的依据。表达了食品安全管理中的共性要求，而不是针对食品链中任何一类组织的特定要求。适用于在食品链中所有希望建立保证食品安全体系的组织，无论其规模、类型和其所提供的产品；适用于农产品生产厂商，动物饲料生产厂商，食品生产厂商，批发商和零售商；适用于与食品有关的设备供应厂商，物流供应商，包装材料供应厂商，农业化学品和食品添加剂供应厂商，涉及食品的服务供应商和餐厅。

6. GB/T 22000—2006/ISO 22000：2005《食品安全管理体系 食品链中各类组织的要求》

本标准规定了食品安全管理体系的要求，以便食品链中的组织证实其有能力控制食品安全危害，确保其提供给人类消费的食品是安全的。

本标准适用于食品链中所有方面和任何规模的、希望通过实施食品安全管理体系以稳定提供安全产品的所有组织。组织可以通过利用内部和（或）外部资源来实现本标准的要求。

本标准规定的要求使组织能够：

——策划、实施、运行、保持和更新食品安全管理体系，确保提供的产品按预期用途对消费者是安全的；

——证实符合适用的食品安全法律法规要求；

——评价和评估顾客要求，并证实其符合双方商定的、与食品安全有关的顾客要求，以增强顾客满意；

——与供方、顾客及食品链中的其他相关方在食品安全方面进行有效沟通；

——确保符合其声明的食品安全方针；

——证实符合其他相关方的要求；

——按照本标准，寻求由外部组织对其食品安全管理体系的认证或注册，或进行符合性自我评价，或自我声明。

本标准所有要求都是通用的，适用于食品链中各种规模和复杂程度的所有组织，包括直接或间接介入食品链中的一个或多个环节的组织。直接介入的组织包括但不限于：饲料生产者、收获者，农作物种植者，辅料生产者、食品生产制造者、零售商，餐饮服务与经营者，提供清洁和消毒、运输、贮存和分销服务的组织。其他间接介入食品链的组织包括但不限于：设备、清洁剂、包装材料以及其他与食品接触材料的供应商。

本标准允许任何组织实施外部开发的控制措施组合，特别是小型和（或）欠发达组织（如小农场，小分包商，小零售或食品服务商）。

（三）世界卫生组织（WHO）

世界卫生组织（World Health Organization，WHO）是联合国下属的一个专门机构，是国际上最大的政府间卫生组织，只有主权国家才能参加，总部设于瑞士日内瓦。1948 年 4 月 7 日世界卫生组织宣布成立，每年的 4 月 7 日也就成为全球性的"世界卫生日"。世界卫生组织的宗旨是使全世界人民获得尽可能高水平的健康。该组织给健康下的定义为"身体、精神及社会生活中的完美状态"。

WHO 的主要职能包括：促进流行病和地方病的防治；改善公共卫生；推动确定生物制品的国际标准等。

（四）国际有机农业运动联合会（IFOAM）

国际有机农业运动联合会（International Federation of Organic Agriculture Movements，IF-

OAM）成立于 1972 年，总部设在德国，是当今世界上最具影响力的国际有机农业组织。

IFOAM 宗旨是在全世界促进优质食品的生产，同时保护土壤、增加土壤肥力，并尽量减少环境污染及不可更新的自然资源的消耗。

（五）国际谷物科技协会（ICC）

国际谷物科技协会（International Association for Cereal Science and Technology，ICC）于 1995 年在德国汉堡举行的第三届国际面包会议上成立，其前身为国际谷物化学协会，现总部位于奥地利。

ICC 的宗旨是作为国际谷物科技领域的带头人，致力于将本领域最先进的科学技术及信息提供给全世界，以提高全人类的生活水平，为谷物科技各方面的发展作贡献，研究谷物科技以及包括面粉化学和面粉工厂有关领域的测试方法标准化，使研究成果更有效地应用于谷类生产。

第二节　发达国家食品标准与法规

一、欧盟食品标准与法规

欧洲联盟（European Union，EU），总部设在比利时首都布鲁塞尔（Brussel），是由欧洲共同体（European Community，EC）发展而来的。

（一）欧盟食品标准

欧盟的食品标准是欧盟食品安全体系的重要组成部分，是以欧盟指令的形式体现的。欧盟于 1985 年发布的《关于技术协调和标准化的新方法》中规定，凡涉及产品安全、工作安全、人体健康、消费者权益保护等内容时就要制定相关的指令。指令中只列出基本的要求，而具体要求则由技术标准来规定。因此，形成了上层为欧盟指令、下层为具体要求，厂商可自愿选择的技术标准组成的二层结构的欧盟指令和技术标准体系。该体系有效地消除了欧盟内部市场的贸易障碍。

但欧盟同时规定，属于指令范围内的产品必须满足指令的要求才能在欧盟市场上销售，达不到要求的产品不允许流通。这一规定为欧盟以外的国家设置了贸易障碍。

另外，在上述体系中，依照《关于技术协调和标准化的新方法》规定的具体要求制定的标准被称为协调标准。协调标准被给予与其他欧盟标准统一的标准编号。

因此，从标准的编号等表面特征上看，协调标准与欧盟标准中的其他标准没有区别，没有单独列为一类，均为自愿执行的欧盟标准。但协调标准的特殊之处在于，凡是符合协调标准要求的产品均可被视为符合欧盟技术法规的基本要求，从而可以在欧盟市场内自由流通。

1. 农药残留标准

2000 年 4 月 28 日，欧盟委员会发布 2000/24/EC 号指令。指令对茶叶中的农药残留限量做了如下修改：杀螟丹的 MRL 值由 20mg/kg 降至 0.1mg/kg，新增了乙滴涕、稗寥灵、甲氧滴滴涕、枯草隆、氯杀螨、杀螨特、杀螨酯、燕麦灵、燕麦敌和乙酯杀螨醇共 10 种农药的 MRL，限量均为 0.1mg/kg。要求各成员国最迟在 2000 年 12 月 31 日前将其转变为本国的法规，并通知欧盟各成员国于 2001 年 7 月 1 日执行该指令。

2000 年 6 月 30 日，欧盟委员会发布 2000/42/EC 号令。指令要求欧盟茶叶中氰戊菊酯和喹硫磷最大农药残留限量（MRL），在 2000 年 7 月 1 日降低至分析方法所用仪器的检测低限。该指令要求欧盟各成员国最迟在 2001 年 2 月 28 日前将其转变为本国的与该指令一致的法规，并通知欧盟各成员国于 2001 年 7 月 1 日执行该指令。

2. 食品包装、贮运与标志标准

在欧盟内流通的商品都必须符合产品包装、运输和标志的有关标准规定，具体标注的方法是：在出售食品的旁边放一个说明标签（而不是印在食品包装上），如果食品中的转基因含量超过 1%，且产品有配料成分清单，则须在配料单上注明"配料是由转基因大豆（或玉米）制成的"，或标明"添加剂和香精为转基因产品"；如果没有，则在产品标签上直接注明"此食品不含有转基因成分"。

3. 农产品进口标准

要进入欧盟市场的产品必须满足以下三个条件之一：

——符合欧洲标准（European Norm，EN），取得欧洲标准化委员会（CEN）认证标志；

——与人身安全有关的产品，要取得欧盟安全认证标志 CE；

——进入欧盟市场的产品厂商，要取得 ISO 9000 合格证书。

同时，欧盟还明确要求进入欧盟市场的产品凡涉及欧盟指令的，必须通过认定，才允许进入欧盟市场。

4. 水产品标准

涉及水产品的有 EN 14332：2004《痕量元素的测定　用微波溶解后的石墨炉原子吸收光谱法测定海产品中的砷》和 EN l4524：2004《贻贝中大田软海绵酸的测定　固相萃取净化、衍生和荧光检测的 HPLC 法》标准。

值得注意的是，2003 年 CEN 分别颁布了《水产品溯源计划饲养鱼信息记录规范》（CWA 14659：2003）和《水产品溯源计划捕捞鱼配送链中的信息记录规范》（CWA 14660：2003）两个标准。由此可以看出，对食品的溯源要求已经呈现全球化的趋势，为今后食品法规和标准在涉及产品责任、产品安全、生产流通管理和食品标签方面的制定起到了警示作用。

食用溯源制度是食品安全管理的一项重要手段。它能够给予消费者以知情权，通过向消费者提供生产商和加工商的全面信息，使消费者了解食品的真实情况。另外，该制度强化了产业链中各企业的责任，有安全隐患的企业将被迫退出市场，而产品质量好的企业则可以建立信誉。从发展的趋势来看，为了确保食品的质量安全，必须加强源头监管，明确责任主体。因此，我国未来逐步推行食品溯源制度已是势在必行。

（二）欧盟食品法规

欧盟食品安全监管机构设置包括欧盟和成员国两个层级。

欧盟层级的食品安全监管机构主要有3个：

——欧盟理事会（The Council of the European Union）负责制定食品安全基本政策；

——欧盟委员会及其常务委员会（The European Commission and the Standing Committee）负责向欧盟理事会与欧洲议会提供各种立法建议和议案；

——欧盟食品安全管理局（European Food Safety Authority，EFSA）负责监测整个食物链的安全。

欧盟各成员国则结合本国实际建立了相应的食品安全监管体制，负责实施欧盟关于食品安全的统一规定。欧盟食品安全体系涵盖了"从农田到餐桌"的整个食物链的安全要求，是世界上较完善的食品安全法律体系。

欧盟的法律文件主要由法规（regulation）、指令（directive）、决议（decision）、建议（recommendation）和意见（opinion）组成。

1. 《食品安全白皮书》（white paper on food safety）

欧盟于1997年出台《食品安全绿皮书》，它是欧盟食品安全法律的基石。欧盟在《食品安全绿皮书》的基础上，于2000年出台了《食品安全白皮书》。《食品安全白皮书》是欧盟食品安全法律的核心。食品安全白皮书长达52页，用116项条款对食品安全问题进行了详细阐述，制定了一套连贯和透明的法规，提高了欧盟食品安全科学咨询体系的能力。白皮书提出了一项根本改革，即实现食品从"农田到餐桌"全过程的控制，包括普通动物饲养、动物健康与保健、污染物和农药残留、新型食品、添加剂、香精、包装、辐射、饲料生产、农场主和食品生产者的责任，以及各种农田控制措施等。同时，它要求各成员国机构加强工作，保证措施的有力执行。

2. 《食品安全基本法》（EC 178/2002）

该法规2002年1月28日颁布，是欧盟的又一个重要法规，（EC）178/2002号法令是欧盟食品安全的"基本法"。法令包含5章65项条款。范围和定义部分主要阐述法令的目标和范围，界定了食品、食品法律、食品商业、饲料、风险、风险分析等20多个概念。一般食品法律部分，主要规定食品法律的一般原则、透明原则、食品贸易的一般原则、食品法律的一般要求等。欧洲食品局（EFSA）部分，详述EFSA的任务和使命、组织机构、操作规程；EFSA的独立性、透明性、保密性和交流性；EFSA财政条款；EFSA其他条款等方面。快速预警系统、危机管理和紧急事件部分，主要阐述了快速预警系统的建立和实施、紧急事件处理方式和危机管理程序。程序和最终条款部分主要规定了委员会的职责、调节程序及一些补充条款。

3. 《食品卫生法规》（EC 852/2004）

该法规规定了食品企业经营者确保食品卫生的通用规则，主要包括：企业经营者承担食品安全的主要责任；从食品的初级生产开始确保食品生产、加工和分销的整体安全；全面推行危险分析和关键控制点（HACCP）；建立微生物准则和温度控制要求；确保进口食品符合欧洲标准或与之等效的标准。

4. 《动物源性食品特殊卫生规则》（EC 853/2004）

该法规规定了动物源性食品的卫生准则，其主要内容包括：只能用饮用水对动物源性食品进行清洗；食品生产加工设施必须在欧盟获得批准和注册；动物源性食品必须加贴识别标志；只允许从欧盟许可清单所列国家进口动物源性食品。

5. 《人类消费用动物源性食品官方控制组织的特殊规则》（EC 854/2004）

该法规规定了对动物源性食品实施官方控制的规则，其主要内容包括：欧盟成员国官方机构实施食品控制的一般原则；食品企业注册的批准；对违法行为的惩罚，如限制或禁止投放市场、限制或禁止进口等；在附录中，分别规定对肉、双壳软体动物、水产品、原乳和乳制品的专用控制措施；进口程序，如允许进口的第三国或企业清单。

6. 《关于确保所执行的官方控制符合饲料和食品法规以及动物卫生与动物福利规则》（EC 882/2004）

该条例是一部侧重对食品与饲料，动物健康与福利等法律实施监管的条例。它提出了官方监控的两项基本任务：预防、消除或减少通过直接方式或环境渠道等间接方式对人类与动物造成的安全风险；严格实行食品和饲料标识管理，保证食品与饲料贸易的公正，保护消费者利益。官方监管的核心工作是对成员国或第三国对食品饲料法、动物卫生与动物福利法规的遵循情况进行核实。

7. 《关于供人类食用的动物源性产品的生产、加工、销售及引进的动物卫生法规》（2002/99/EC）

该指令要求各成员国2005年前转换成本国法律。该指令提出动物源性食品在生产、加工、销售等环节中的动物健康条件官方要求。指令中还包括了相关的兽医证书要求、兽药使用的官方控制要求、自第三国进口动物源性食品的卫生要求等。

8. 《饲料卫生要求》（EC 183/2005）

为了确保饲料和食品安全，该条例对动物饲料的生产、运输、存储和处理作了规定。如饲料商应确保投放市场的产品安全、可靠，并负主要责任等。

9. 《动物卫生法》（REGULATION（EU）2016/429）

该法用单一、全面的动物卫生框架取代了累积数年的复杂规则，将40部左右的相关法规整合成了一个基本法令，为建立更加有效的抗击传染性动物疾病系统奠定了基础。这些疾病，如口蹄疫或者蓝舌病，会给我们的畜禽生产带来毁灭性后果；其他像禽流感或某些新兴疾病也可能会影响人类健康。

该法也厘清了动物养殖户、贸易商、兽医和国家主管部门之间的责任，采用更好的通知和监测工具来应对动物疾病。这将进而减少欧盟国家流行病的发生，降低疾病对经济和社会的影响，确保欧盟畜禽生产的竞争力和安全性。

该法也对抗菌药耐药性问题的重要性给予了认可，建立了监测耐药动物病原体的法律依据。同时，该法也授权欧盟委员会在同欧洲食品安全局（EFSA）和其他利益相关方磋商后，采取紧急措施应对公众健康和农业生产产生"严重影响"的新兴疾病。所有的控制措施都要考虑动物福利，让动物免于不必要的疼痛和痛苦。

二、美国食品标准与法规

美国的食品安全技术协调体系是由标准和技术法规组成的。技术法规是与食品安全生产相关的强制遵守的文件，类似于我国的强制性标准。而标准是经公认机构批准的与食品生产有关的非强制性遵守的文件。通常相关机关在制定技术法规时，引用已制定的标准作为对技术法规要求的具体规定。

（一）美国食品标准

美国的食品安全标准约有 660 项，主要是检验检测方法标准和被技术法规引用后的肉类、水果、乳制品等产品的质量分等分组标准两大类。这些标准的制定机构主要有经过美国国家标准学会（American National Standards Institute，ANSI）认可的与食品安全有关的行业协会、标准化技术委员会和政府部门 3 类。

1. 行业协会制定的标准

美国官方分析化学师协会（AOAC）：从事检验与各种标准分析方法的制定工作。

美国谷物化学师协会（AACCH）：推动谷物化学分析方法和谷物加工工艺的标准化。

美国饲料官方管理协会（AAFCO）：其制定各种动物饲料生产的法规与标准。

美国奶制品协会（ADPI）：进行奶制品的研究和标准化工作。

美国饲料工业学会（AFIA）：负责制定联邦与州有关动物饲料的法规和标准。

美国油料化学师协会（AOCS）：主要从事动物、海洋生物和植物油脂的研究。

美国公共卫生协会（APHA）：主要制定工作程序标准、人员条件要求及操作规程等。

2. 标准化技术委员会标准

三协会卫生标准：三协会标推是由牛奶工业基金会（MIF）、奶制品工业供应协会（DFISA）及国际奶牛与食品卫生工作者协会（IAMFS），联合制定的关于奶酪制品、蛋制品加工设备清洁度的卫生标准，并发表在奶牛与食品工艺杂志上。现行标准数量 85 项。

烘烤业卫生标准委员会（BISSC）：从事标准的制定、设备的认证、卫生设施的设计与建筑、食品加工设备的安装等。由政府和工业部门的代表参加标准编制工作，特殊的标准与标准的修改由协会的工作委员会负责。协会的标准为制造商和烘烤业执法机关所采用。现行标准 40 项。

3. 政府部门制定标准

涉及食品安全管理的部门主要有：农业部（Department of Agriculture，USDA）、食品药品监督管理局（Food and Drug Administration，FDA）、环境保护署（Environmental Protection Agency，EPA）。

农业部（USDA）：主要负责农产品质量安全标准的制定、检测与认证体系的建设和管理。

食品药品管理局（FDA）：负责除畜、禽肉、蛋制品（不包括鲜蛋）外所有食品的监督管理。

环境保护署（EPA）：其主要使命是保护公众健康、保护环境不受杀虫剂强加的风险，促进更安全的害虫管理方法，负责饮用水、新的杀虫剂及毒物、垃圾等方面的安全管理，制定农药及环境化学物的残留限量校准和有关法规等。

（二）美国食品法规

美国有关食品安全的法律法规非常繁多，既有《联邦食品、药物和化妆品法》《食品质量保护法》和《公共卫生服务法》等综合性法规，也有《联邦肉类检查法》等非常具体的法律。这些法律法规覆盖了所有食品，为食品安全制定了非常具体的标准以及监管程序。

1.《美国联邦法典》（Code of Federal Regulations，CFR）

《美国联邦法典》（CFR）是美国联邦政府执行机构和部门在"联邦公报"（Federal Register，FR）中发表与公布的一般性和永久性规则的集成，具有普遍适用性和法律效应。

CFR与食品有关的内容主要是第7卷（农业）、第9卷（动物和动物产品）、第21卷（食品与药品）和第40卷（环境保护）。这些法规涵盖了所有食品，并为食品安全制订了非常具体的标准及监管程序。

2.《联邦食品、药品和化妆品法》（Federal Food Drug and Cosmetic Act，FFDCA）

《联邦食品、药品和化妆品法》是美国食品安全法律的核心，它为美国食品安全的管理提供了基本原则和框架。它要求美国食品和药物管理局（FDA）管辖除肉、禽和部分蛋类以外的国产和进口食品的生产、加工、包装、贮存。此外，还包括对新型动物药品、加药饲料和所有可能成为食品成分的食品添加剂的销售许可和监督。该法禁止销售须经FDA批准而未获得批准的食品、未获得相应报告的食品，以及拒绝对规定设施进行检查的厂家生产的食品。该法还禁止销售由于不洁贮藏条件而引起的含有令人厌恶的或污物的食品。该法对卫生的要求还规定禁止出售带有病毒的产品，并要求食品必须在卫生设施良好的房间中生产。

其主要内容包括：法律禁止行为和违禁行为的处罚；食品的定义与标准；食品中有毒成分的法定剂量；农产品中杀虫剂化学品的残留量；药品和器械；新药；人用器械的分类；药品和器械生产者的注册；药品和器械上市前的批准；禁用的仪器设备；关于控制将用于人类的器械的一般规则；新动物药；用于罕见疾病或病痛药品的保护；食品、药品、医用器械的进出口管理。

3.《公共卫生服务法》（Public Health Service Act，PHSA）

美国国会于1994年通过的《公共卫生服务法》，又称《美国检疫法》，是美国关于防范传染病的联邦法律。该法明确了严重传染病的界定程序，制定传染病控制条例，规定检疫官员的职责，同时对来自特定地区的人员、货物、有关检疫站、检疫场所与港口、民航与民航飞机的检疫等均做出了详尽规定；此外，还对战争时期的特殊检疫进行了规范。它要求美国食品药品管理局负责制定防止传染病传播方面的法规，并向州和地方政府相应机构提供有关传染病法规的协助。

4.《食品质量保护法》（Food Quality Protection Act，FQPA）

1996年，美国国会一致通过了《食品质量保护法》。该法对应用于所有食品的全部杀虫剂制定了一个单一的、以健康为基础的标准，为婴儿和儿童提供了特殊的保护；对安全性提高的杀虫剂进行快速批准，要求定期对杀虫剂的注册和容许量进行重新评估，以确保杀虫剂注册的数据不过时。

对于食品安全的责任问题，美国将其归入《产品责任法》的范围内，食品和其他工业产品一律适用产品责任法的规定，而不另行制定法律。

5. 肉、禽、蛋制品检验法

（1）《联邦肉类检验法》（Federal Meat Inspection Act，FMIA）；

（2）《禽类产品检验法》（Poultry Products Inspection Act，PPIA）；

（3）《蛋类产品检验法》（Egg Products Inspection Act，EPIA）。

这三部法律用来规范肉、禽、蛋类制品的生产，确保销售给消费者的畜肉类、禽类和蛋类产品是卫生安全的，并对产品进行正确的标记和包装。畜肉类、禽类和蛋类产品只有在盖有美国农业部的检验合格标记后，才允许销售和运输。这三部法律还要求向美国出口畜肉类、禽类和蛋类产品的国家必须具有等同于美国检验项目的检验能力。这种等同性要求不仅仅针对各国的检验体系，而且也包括在该体系中生产的产品质量的等同性。

6.《联邦杀虫剂、杀真菌剂和灭鼠剂法》（Federal Insecticide，Fungicide，and Rodent-icide Act，FIFRA）

该法赋予美国环境保护署对用于特定作物的杀虫剂的审批权，并要求：环境保护署规定食品中最高残留限量（允许量）；保证人们在工作中使用或接触杀虫剂、食品清洁剂和消毒杀菌剂时是安全的；避免环境中的其他化学物质，包括空气和水中的细菌污染物混入食品中，以及那些可能威胁食品供应链安全性的其他物质。

7.《食品安全现代化法案》（Food Safety Modernization Act，FSMA）

美国于2011年签署了《食品现代化法案》（FSMA），该法案是美国自20世纪30年代建立食品安全监管体系以来最为严格的一项法规。FSMA在食品生产前实施了更为严格有效的生产规定，从而防止食品污染事故的发生。

2011年1月4日，美国发布《食品安全现代化法》（Food Safety Modernization Act，FS-MA），从多个方面对《食品、药品和化妆品法》进行了修订与补充，这是美国食品安全监管体系 70 年来的最大一次调整。

2015 年 11 月 14 日，美国食品药品监督管理局（FDA）又发布了《食品安全现代化法》，包括 7 个核心配套法规，形成了一个全新的"现代化"的食品监管体系。

（1）《食品预防控制措施》（Preventive Controls for Human Food）；

（2）《饲料预防控制措施》（Preventive Controls for Animal Food）；

（3）《果蔬安全》（Produce Safety）；

（4）《国外供应商验证计划》（Foreign Supplier Verification Program）；

（5）《第三方认可》（Third Party Accreditation）；

（6）《清洁运输》（Sanitary Transport）；

（7）《蓄意掺杂》（Intentional Adulteration）。

三、日本食品标准与法规

（一）日本食品标准

日本食品标准体系分为国家标准（Japanese Agricultural Standards，JAS）、行业标准和企业标准。国家标准由日本农林产品标准调查会（JASC）制定和审议；行业标准多由行业团体、专业协会和社团组织制定，主要是作为国家标准的补充或技术储备；企业标准是各株式会社制定的操作规程或技术标准。

1. 日本农业标准

日本政府制定的日本食品标准（JAS）由农产品的规格和品质两个方面的内容组成。规格是指农产品的使用性能和档次的要求，其内容包括使用范围、用语定义、等级档次、测定方法、合格标签、注册标准及生产许可证认可的技术标准等。日本已对 393 种农林水产品及食品制定了相应的规格，如面类分成 8 种规格，油脂分成 6 种规格，肉制品规格多达 20 多种。

2. 农药残留最高限量标准

日本厚生劳动省规定食品中不得含有有害、有毒物质，严格控制食品中的农药残留、放射性残留和重金属残留。目前，日本已对 229 种农药和 130 种农产品制定了近 9000 种限量标准。其中，对蔬菜类制定的农药残留限量标准最为齐全，达 3728 项，包括十字花科、薯类、葫芦科、菊科、蘑菇类、伞形科、茄科、百合科等蔬菜品种。

2003 年 4 月，日本实行农药和动物药品残留"临时标准制度"，规定可以禁止销售或进口虽然没有正式规定残留量标准，但残留量超过一定数量的食品。

对畜产品和水产品则制定各种抗生素、激素以及有害微生物的限制标准。日本对动物源性食品的检测项目多达 30 项，涉及微生物、农药残留等诸多方面。

3. 肯定列表制度

肯定列表制度（Positive List System）是日本为加强食品（包括可食用农产品）和农业化

学品（包括农药、兽药和饲料添加剂）残留管理而制定的一项新制度。其主要内容是"两个限量"，即暂定最大残留限量标准（Provisional Maximum Residue Limits）和一律标准（Uniform Limits）。其规定："暂定最大残留限量标准"的遵从"最大残留限量标准"，无"最大残留限量标准"的遵从 0.01mg/kg 的"一律标准"。

肯定列表制度覆盖了所有农业化学品和食品，其法律依据是《食品卫生法 2003 修订案》中第 11 条第三款。肯定列表制度已在《食品卫生法》修正案发布（2003 年 5 月 30 日）后的第三年（2006 年 5 月 29 日）生效。这个制度的实施给我国对日食品出口形成了巨大的技术壁垒。

（二）日本食品法规

日本保障食品质量安全的法律法规体系由两大基本法和其他相关法律法规组成。《食品安全基本法》和《食品卫生法》是两大基本法律。除上述基本法外，与食品相关的法律法规还包括《转基因食品标识法》《包装容器法》《农药取缔法》《健康增进法》《家禽传染病预防法》《乳及乳制品成分规格省令》《日本农业标准化法（JAS 法）》《新食品标识法》等。

根据相关的法律规定，分别由厚生劳动省与农林水产省承担食品卫生安全方面的行政管理职能。其中，厚生劳动省负责稳定的食物供应和食品安全，农林水产省负责食品生产和质量保证。

1. 《食品安全基本法》（日本法律第 48 号）

由于日本先后出现了牛乳食物中毒事件、BSE（疯牛病）问题，未许可添加剂的滥用问题，原产地标识伪造问题等事件，使食品的质量安全受到了严重的冲击，因此于 2003 年 7 月开始实施《食品安全基本法》。该法明确了在食品安全监管方面，国家、地方公共团体、食品相关经营者以及消费者的责任和义务，国家及地方公共团体的责任和义务是综合制定确保食品安全性的政策；销售商的责任和义务是具有"确保食品安全性"的意识，为确保食品的安全性，对食品供给过程中各阶段恰当地采取需要的措施。消费者则要掌握并理解食品安全性知识，同时就食品安全性方面，要充分表明个人意见。

该法颁布于 2003 年 5 月，是一部旨在保护公众健康、确保食品安全的基础性和综合性法律。随着这部法律的颁布，日本在食品安全管理中开始引入了风险分析的方法。

2. 《食品卫生法》（日本法律第 223 号）

该法于 2003 年 5 月 30 日修订并开始实施，是日本控制食品质量安全最重要的法律，适用于国内产品和进口产品。该法规定了食品和食品添加剂的标准和成分规格，容器包装，农药残留标准，食品的标识和广告，进口食品的监控指导计划，以及进口食品监督检查等；同时，还规定了国内食品生产、加工、流通、销售商的设施监督检查及相关的处罚条例。

根据新的《食品卫生法》修正案，日本于 2006 年 5 月 29 日起正式实施《肯定列表制度》，即禁止超过一定量且未设定最大残留限量的农药等食品的流通制度。

3.《日本农业标准化法》(日本法律第 175 号)(JAS 法)

该法也称《日本农产品质量和标签标准化法》(JAS 法),主要规定农产品质量规格标准的制修订、评审程序、认证机构工作流程和标签标识规定制定、实施的条例,以及与之相关的处罚条例。

该法于 1950 年制定,1970 年修订,2000 年全面推广实施。JAS 法中确立了两种规范:JAS 标识制度(日本农产品标识制度)和食品品质标识标准。依据 JAS 法,市售的农渔产品皆须标示 JAS 标识及原产地等信息。JAS 法在内容上,不仅确保了农林产品与食品的安全性,还为消费者能够简单明了地掌握食品的有关质量等信息提供了方便。日本在 JAS 法的基础上推行了食品追踪系统,该系统为农林产品和食品的产地、农药使用、加工厂家、原材料、流通环节等信息进行标注,借助该系统可迅速对食品进行追踪,这不仅可有效保障食品的安全性,并可在发生食品安全事故时及时查出事故原因并对事故进行控制。

4.《农药管理法》

《农药管理法》由农林水产省负责。其主要规定如下:

一是所有农药(包括进口的)在日本使用或销售前,必须依据该法进行登记注册(农林水产省负责农药的登记注册);

二是在农药注册之前,农林水产省应就农药的理化和作用等进行充分研究,以确保登记注册的合理;

三是环境省负责研究注册农药使用后对环境的影响。

5.《植物防疫法》

《植物防疫法》适用于进口植物检疫,农林水产省管辖的植物防疫站为其执行机构。该法规定:凡属日本国内没有的病虫害,来自或经过其发生国家的植物和土壤均严禁进口。日本还制定了《植物防疫法实施细则》,详细规定了禁止进口植物的具体区域和种类以及进口植物的具体要求等。

6.《家畜传染病预防法》

《家畜传染病预防法》适用于进口动物检疫,农林水产省管辖的动物检疫站为其执行机构。进口动物检疫的对象包括动物活体和加工产品(如肉、内脏、火腿、肉肠等)。法律规定:进口动物活体时,除需在进口口岸实施临船检查,还要由指定的检查站对进口动物进行临床检查、血清反应检查等;进口畜产加工品,一般采取书面审查和抽样检查的方法,但若商品来自家畜传染病污染区域,则在提交检查申请书之前,必须经过消毒措施。

7.《屠宰场法》

《屠宰场法》适用于屠宰场的运作以及食用牲畜的加工。该法律要求:屠宰(含牲畜褪毛等加工)场的建立,必须获得都道府县知事或市长的批准;任何人不得在未获许可的屠宰场屠宰用作食用的牲畜或为这类牲畜去脏;所有牲畜在屠宰或去脏前,必须经过肉类检查员的检查;屠宰检验分为屠宰前、屠宰后和去脏后 3 个阶段的检验;未通过检验前,牲畜的任何部分(包括肉、内脏、血、骨及皮)不可运送出屠宰场;如发现任何患病或其他不符合食

用条件的牲畜，都道府县知事或市长可禁止牲畜屠宰和加工。

8. 《家禽屠宰商业控制和家禽检查法》

《家禽屠宰商业控制和家禽检查法》规定，只有取得地方政府的准许，方可宰杀家禽以及去除其屠体的羽毛及内脏。该法还规定了家禽的检查制度，其与《屠宰场法》规定的牲畜检查制度类似。

9. 日本新《食品标识法》

自 2015 年 4 月 1 日，日本开始实施新《食品标识法》（2013 年法律第 70 号）。该《食品标识法》整合《JAS》法、《食品卫生法》《健康增进法》中食品标识相关内容，统一规定食品标识相关整体内容，具体的食品标识规则通过内阁府政令《食品标识基准》（2015 年 3 月 20 日公布）来规定。

新《食品标识法》中的营养成分标示从自愿变为强制，要进行标示的营养成分有能量、蛋白质、脂肪、碳水化合物和钠，其中钠用相当量的食盐标示。新食品标示法实施之后，对于根据新制度进行标示将设定过渡期，生鲜食品的过渡期为 1 年 6 个月，加工食品和添加剂的过渡期为 5 年。

第三节　采用国际标准原则和方法

采用国际标准是指将国际标准的内容，经过分析研究和试验验证，等同或修改转化为中国标准（包括国家标准、行业标准、地方标准、团体标准和企业标准），并按中国标准审批发布程序审批发布。目的是为了发展社会主义市场经济、减少技术性贸易壁垒和适应国际贸易的需要，提高中国产品质量和技术水平。

一、采用国际标准原则

根据《采用国际标准管理办法》（国家质检总局令〔2001〕10 号）的规定，我国采用国际标准的原则如下。

（1）采用国际标准应当符合我国有关法律、法规，遵循国际惯例，做到技术先进、经济合理、安全可靠。

（2）制定我国标准应当以相应国际标准为基础。对于国际标准中通用的基础性标准、试验方法标准应当优先采用。采用国际标准中的安全标准、卫生标准、环保标准制定我国标准，应当以保障国家安全、防止欺骗、保护人体健康和人身财产安全、保护动植物的生命和健康、保护环境为正当目标；除非这些国际标准由于基本气候、地理因素或者基本的技术问题等原因而对我国无效或者不适用。

（3）采用国际标准时，应当尽可能等同采用国际标准。由于基本气候、地理因素或者基本的技术问题等原因对国际标准进行修改时，应当将与国际标准的差异控制在合理的、必要的并且是最小的范围之内。

（4）我国的一个标准应当尽可能对应采用一个国际标准。当我国一个标准必须采用几个国际标准时，应当说明该标准与所采用的国际标准的对应关系。

（5）采用国际标准制定我国标准，应当尽可能与相应国际标准的制定同步，并可以采用标准制定的快速程序。

（6）采用国际标准，应当同我国的技术引进、企业的技术改造、新产品开发、老产品改进相结合。

（7）采用国际标准的我国标准的制定、审批、编号、发布、出版、组织实施和监督，同我国其他标准一样，按我国有关法律、法规和规章规定执行。

（8）企业为了提高产品质量和技术水平，提高产品在国际市场上的竞争力，对于贸易需要的产品标准，如果没有相应的国际标准或者国际标准不适用时，可以采用国外先进标准。

二、采用国际标准方法

GB/T 20000.2—2009《标准化工作指南　第2部分：采用国际标准》中规定了采用国际标准的方法。我国标准采用国际标准的程度分为等同采用（identical，IDT）和修改采用（modified，MOD）。

等同采用国际标准的中国标准，采用双编号方法；修改采用国际标准的中国标准，只使用中国标准编号。

示例：GB/T 24001—2016/ISO 14001：2015

等同采用国际标准时，应用翻译法；修改采用国际标准时，应用重新起草法。

1. 翻译法

指依据相应国际标准翻译成为国家标准，可做最小限度的编辑性修改。如果需要增加资料性附录，应将这些附录置于国际标准的附录之后，并按条文中提及这些附录的先后次序编排附录的顺序。

2. 重新起草法

指在相应国际标准的基础上重新编写国家标准。如果需要增加附录，每个增加的附录应与其他附录一起按在标准条文中提及的先后顺序编号。

复习思考题

1. 什么是国际标准？
2. 国际标准有什么作用？
3. 采用国际标准的原则是什么？
4. 采用国际标准的方法是什么？

第五章　国际食品标准与法规

第六章 食品许可管理与市场准入制度

【本章提要】

简要介绍了食品生产经营许可管理制度和食品生产经营风险分级管理办法，以及食品市场准入制度。

【学习目标】

了解食品生产经营许可管理制度和食品市场准入制度的基本内容，熟悉食用农产品合格证管理办法和市场准入负面清单制度，以及食品召回管理办法。

第一节 食品许可管理

食品生产和经营许可管理是为保证食品的质量安全，只有具备规定条件的生产者才允许进行生产经营活动、具备规定条件的食品才允许生产销售的政府行政许可制度。

一、生产许可管理

为规范食品、食品添加剂生产许可活动，加强食品生产监督管理，保障食品安全，根据《中华人民共和国食品安全法》和《中华人民共和国行政许可法》等法律法规，国家食品药品监督管理总局制定了《食品生产许可管理办法》（食药总局令〔2015〕16 号）。在中华人民共和国境内，从事食品生产活动，应当依法取得食品生产许可。食品生产许可实行一企一证原则，即同一个食品生产者从事食品生产活动，应当取得一个食品生产许可证。

《食品生产许可管理办法》共 8 章 62 条。内容包括：

第一章 总则；

第二章 申请与受理；

第三章 审查与决定；

第四章 许可证管理；

第五章 变更、延续、补办与注销；

第六章 监督检查；

第七章 法律责任；

第八章 附则。

为全面贯彻落实《食品生产许可管理办法》，国家食品药品监督管理总局决定自 2015 年 10 月 1 日起，正式启用新版《食品生产许可证》（食药总局公告〔2015〕198 号）。

（一）生产许可的条件

申请食品生产许可，应当按照以下 31 个食品类别提出：粮食加工品，食用油、油脂及其制品，调味品，肉制品，乳制品，饮料，方便食品，饼干，罐头，冷冻饮品，速冻食品，薯类和膨化食品，糖果制品，茶叶及相关制品，酒类，蔬菜制品，水果制品，炒货食品及坚果制品，蛋制品，可可及焙烤咖啡产品，食糖，水产制品，淀粉及淀粉制品，糕点，豆制品，蜂产品，保健食品，特殊医学用途配方食品，婴幼儿配方食品，特殊膳食食品，其他食品等。

申请食品生产许可，应当符合下列条件。

（1）具有与生产的食品品种、数量相适应的食品原料处理和食品加工、包装、贮存等场所，保持该场所环境整洁，并与有毒、有害场所以及其他污染源保持规定的距离。

（2）具有与生产的食品品种、数量相适应的生产设备或者设施，有相应的消毒、更衣、盥洗、采光、照明、通风、防腐、防尘、防蝇、防鼠、防虫、洗涤以及处理废水、存放垃圾和废弃物的设备或者设施；保健食品生产工艺有原料提取、纯化等前处理工序的，需要具备与生产的品种、数量相适应的原料前处理设备或者设施。

（3）有专职或者兼职的食品安全管理人员和保证食品安全的规章制度。

（4）具有合理的设备布局和工艺流程，防止待加工食品与直接入口食品、原料与成品交叉污染，避免食品接触有毒物、不洁物。

（5）法律、法规规定的其他条件。特殊食品生产企业除需要具备普通食品的许可条件外，还应当提交与所生产食品相适应的生产质量管理体系文件以及产品注册和备案文件。

（二）生产许可证编号

食品生产许可证编号由 SC（生产的汉语拼音字母缩写）和 14 位阿拉伯数字组成。数字从左至右依次为：3 位食品类别编码、2 位省（自治区、直辖市）代码、2 位市（地）代码、2 位县（区）代码、4 位顺序码、1 位校验码。

食品生产许可证应当载明：生产者名称、社会信用代码、法定代表人、住所、生产地址、食品类别、许可证编号、有效期、日常监督管理机构、日常监督管理人员、投诉举报电话、发证机关、签发人、发证日期和二维码。

二、经营许可管理

为规范食品经营许可活动，加强食品经营监督管理，保障食品安全，根据《中华人民共和国食品安全法》和《中华人民共和国行政许可法》等法律法规，国家食品药品监督管理总局制定了《食品经营许可管理办法》（食药总局令〔2015〕17 号）。在中华人民共和国境内，从事食品销售和餐饮服务活动，应当依法取得食品经营许可。食品经营许可实行一地一证原则，即食品经营者在一个经营场所从事食品经营活动，应当取得一个食品经营许可证。

《食品经营许可管理办法》共 8 章 56 条。内容包括：

第一章　总则；

第二章　申请与受理；

第三章　审查与决定；

第四章　许可证管理；

第五章　变更、延续、补办与注销；

第六章　监督检查；

第七章　法律责任；

第八章　附则。

为全面贯彻落实《食品经营许可管理办法》，国家食品药品监督管理总局决定自 2015 年 10 月 1 日起，正式启用新版《食品经营许可证》（食药总局公告〔2015〕199 号）。《食品经营许可审查通则》（食药监食监二〔2015〕228 号）明确规定食品销售、餐饮服务许可具体要求。《食品生产经营日常监督检查管理办法》（食药总局令〔2016〕23 号）明确规定食品药品监督管理部门，对食品（含食品添加剂）生产经营者执行食品安全法律、法规、规章以及食品安全标准等情况实施日常监督检查。

（一）经营许可的条件

食品经营主体业态分为食品销售经营者、餐饮服务经营者、单位食堂。食品经营项目分为预包装食品销售（含冷藏冷冻食品、不含冷藏冷冻食品）、散装食品销售（含冷藏冷冻食品、不含冷藏冷冻食品）、特殊食品销售（保健食品、特殊医学用途配方食品、婴幼儿配方乳粉、其他婴幼儿配方食品）、其他类食品销售；热食类食品制售、冷食类食品制售、生食类食品制售、糕点类食品制售、自制饮品制售、其他类食品制售等 10 个类别。

申请食品经营许可，应当符合下列条件：

（1）具有与经营的食品品种、数量相适应的食品原料处理和食品加工、销售、贮存等场所，保持该场所环境整洁，并与有毒、有害场所以及其他污染源保持规定的距离。

（2）具有与经营的食品品种、数量相适应的经营设备或者设施，有相应的消毒、更衣、盥洗、采光、照明、通风、防腐、防尘、防蝇、防鼠、防虫、洗涤以及处理废水、存放垃圾和废弃物的设备或者设施。

（3）有专职或者兼职的食品安全管理人员和保证食品安全的规章制度。

（4）具有合理的设备布局和工艺流程，防止待加工食品与直接入口食品、原料与成品交叉污染，避免食品接触有毒物、不洁物。

（5）法律、法规规定的其他条件。

（二）经营许可证编号

食品经营许可证编号由 JY（经营的汉语拼音字母缩写）和 14 位阿拉伯数字组成。数字从左至右依次为：1 位主体业态代码、2 位省（自治区、直辖市）代码、2 位市（地）代码、2 位县（区）代码、6 位顺序码、1 位校验码。

三、风险分级管理

风险分级管理是指食品药品监督管理部门以风险分析为基础，结合食品生产经营者的食品类别、经营业态及生产经营规模、食品安全管理能力和监督管理记录情况，按照风险评价指标，划分食品生产经营者风险等级，并结合当地监管资源和监管能力，对食品生产经营者实施的不同程度的监督管理。

为了强化食品生产经营风险管理,科学有效实施监管,落实食品安全监管责任,保障食品安全,国家食品药品监管总局制定了《食品生产经营风险分级管理办法(试行)》(食药监食监一〔2016〕115号)。

《食品生产经营风险分级管理办法(试行)》共5章40条。内容包括:

第一章　总则;

第二章　风险分级;

第三章　程序要求;

第四章　结果运用;

第五章　附则。

《食品生产经营风险分级管理办法(试行)》明确风险分级管理概念,明确风险分级原则,明确风险分级管理的适用范围,明确食品生产经营风险等级的划分依据,明确食品生产经营风险等级划分方法,明确风险因素量化指标制定权限,确定风险等级实行动态调整的要求,明确风险分级结果的运用。

第二节　食品市场准入制度

食品市场准入制度也称食品质量安全市场准入制度,是国家质量监督检验检疫总局于2002年推出,2004年1月1日起实施的一项行政许可制度。食品市场准入制度是指为保证食品的质量安全,具备规定条件的生产者才允许进行生产经营活动、具备规定条件的食品才允许生产销售的监管制度。

实行食品质量安全市场准入制度,是从我国的实际出发,为保证食品的质量安全所采取的一项重要措施。它对提高食品质量,保证消费者的身体健康和生命安全,强化食品生产法制管理,进一步适应改革开放,创造良好的经济运行环境,将产生重要作用。食品质量安全市场准入制度的实施,将从食品生产加工的源头上确保食品质量安全。

食品市场准入包括三项具体制度:生产许可制度、强制检验制度和市场准入标识制度。

一、生产许可制度

生产许可制度就是对食品生产企业实施生产许可证制度。对于具备基本生产条件、能够保证食品质量安全的企业,发放《食品生产许可证》,准予生产获证范围内的产品。未取得《食品生产许可证》的企业不准生产食品。这就从生产条件上保证了企业能生产出符合质量安全要求的产品。

二、强制检验制度

强制检验制度就是对企业生产的食品实施强制检验的制度。未经检验或经检验不合格的食品不准出厂销售。对于不具备自检条件的生产企业强令实行委托检验。这项规定适合我国企业现有的生产条件和管理水平,能有效地把住产品出厂安全质量关。

三、准入标识制度

市场准入标识制度就是对实施食品生产许可制度的产品实行市场准入标识制度。对检验合格的食品要加印（贴）市场准入标识，没有加贴标识的食品不准进入市场销售。这样做便于广大消费者识别和监督，便于有关行政执法部门监督检查，同时也有利于促进生产企业提高对食品质量安全的责任感。

农业部自 2016 年 7 月 22 日起实施《食用农产品合格证管理办法（试行）》，推行统一的食用农产品合格证，并逐步替代原有的产地证明、购货凭证和合格证明文件，便于生产经营者操作。加快建立以食用农产品质量合格为核心内容的产地准出管理与市场准入管理衔接机制。食用农产品是指供食用的源于农业的初级产品。食用农产品合格证是指食用农产品生产经营者对所生产经营食用农产品自行开具的质量安全合格标识。

《关于实行市场准入负面清单制度的意见》（国发〔2015〕55 号）指出，市场准入负面清单制度，是指国务院以清单方式明确列出在中华人民共和国境内禁止和限制投资经营的行业、领域、业务等，各级政府依法采取相应管理措施的一系列制度安排。市场准入负面清单包括禁止准入类和限制准入类。对市场准入负面清单以外的行业、领域、业务等，各类市场主体皆可依法平等进入。

《食品召回管理办法》（国家食品药品监督管理总局令〔2015〕12 号）规定，在中华人民共和国境内，对不安全食品的停止生产经营、召回和处置及其监督管理。不安全食品是指食品安全法律法规规定禁止生产经营的食品以及其他有证据证明可能危害人体健康的食品。

《食品召回管理办法》共 7 章 46 条。内容包括：

第一章　总则；

第二章　停止生产经营；

第三章　召回；

第四章　处置；

第五章　监督管理；

第六章　法律责任；

第七章　附则。

 复习思考题

1. 什么是食品生产和经营许可管理？

2. 什么是食品风险分级管理？

3. 什么是食品市场准入制度？

4. 食品市场准入制度包括哪些具体制度？

5. 什么是食用农产品合格证？

6. 什么是市场准入负面清单制度？

第七章 食品认证管理

【本章提要】

简要介绍了无公害农产品、绿色食品、有机产品的标志、标准和认证程序，以及地理标志产品的标志、标准和保护工作程序。

【学习目标】

了解无公害农产品、绿色食品、有机产品和地理标志产品的标准，熟悉其认证程序和保护工作程序。

食品认证（food certification）是指由认证机构证明食品原材料、生产、贮藏和销售过程中符合相关技术规范、相关技术规范的强制性要求或者标准的合格评定活动。食品认证按强制程度分为自愿性认证和强制性认证两种，按认证对象分为体系认证和产品认证。

"三品一标"是无公害农产品、绿色食品、有机农产品和农产品地理标志的统称，是政府主导的安全优质农产品公共品牌，为提升农产品质量安全水平、促进农业提质增效和农民增收等发挥了重要作用。为进一步推进"三品一标"持续健康发展，农业部提出《关于推进"三品一标"持续健康发展的意见》（农质发〔2016〕6号）。

第一节 无公害农产品认证

无公害农产品（pollution – free agricultural products）是指产地环境、生产过程、产品质量符合国家有关标准和规范的要求，经认证合格获得认证证书并允许使用无公害农产品标志的未经加工或初加工的食用农产品。

一、无公害农产品标志

为加强对无公害农产品标志的管理，保证无公害农产品的质量，维护生产者、经营者和消费者的合法权益，根据《无公害农产品管理办法》（农业部、质检总局令〔2002〕12号），农业部和国家认证认可监督管理委员会联合制定了《无公害农产品标志管理办法》（农业部、认监委公告〔2002〕231号）。

无公害农产品标志基本图案、规格和颜色规定如下。

1. 无公害农产品标志基本图案

标志图案（图7–1）主要由麦穗、对勾和无公害农产品字样组成，麦穗代表农产品，对勾表示合格，金色寓意成熟和丰收，绿色象征环保和安全。标志图案直观、简洁、易于识别，涵义通俗易懂。

图 7 - 1   无公害农产品标志

2. 无公害农产品标志规格分为 5 种（表 7 - 1）

表 7 - 1   无公害农产品标志规格

规格	1 号	2 号	3 号	4 号	5 号
尺寸/mm	10	15	20	30	60

3. 无公害农产品标志颜色

无公害农产品标志标准颜色由绿色和橙色组成。

无公害农产品标志应当在认证的品种、数量等范围内使用。获得无公害农产品认证证书的单位或者个人，可以在证书规定的产品、包装、标签、广告、说明书上使用无公害农产品标志。

二、无公害农产品标准

无公害农产品标准以全程质量控制为核心，主要包括产地环境质量标准、生产技术标准和产品质量标准三个方面。

1. NY/T 5295—2015《无公害农产品   产地环境评价准则》

本标准规定了无公害农产品产地环境评价的原则、程序、方法和报告编制。

本标准适用于种植业、畜禽养殖业和水产养殖业无公害农产品产地环境质量评价。

2. NY/T 5010—2016《无公害农产品   种植业产地环境条件》

本标准规定了无公害农产品种植业产地环境质量要求、采样方法、检测方法和产地环境评价的技术要求。

本标准适用于无公害农产品（种植业产品）产地。

3. NY/T 5361—2016《无公害农产品   淡水养殖产地环境条件》

本标准规定了淡水养殖产地选择、产地环境保护、养殖用水、养殖产地底质、样品采集、储存、运输和处理、测定方法和结果判定。

本标准适用于无公害农产品（淡水养殖产品）产地。

4. NY/T 2798.1—2015《无公害农产品　生产质量安全控制技术规范　第 1 部分：通则》

本标准规定了无公害农产品主体的基本要求。

本标准适用于无公害农产品的生产、管理和认证。

5. NY/T 2798.2—2015《无公害农产品　生产质量安全控制技术规范　第 2 部分：大田作物产品》

本标准规定了无公害大田作物产品生产质量安全控制的基本要求，包括：产地环境、种子种苗、肥料使用、病虫草鼠害防治、耕作管理、采后处理、包装标识与产品储运等环节关键点的质量安全控制措施。

本标准适用于粮食、油料、糖料等大田作物的无公害农产品生产、管理和认证。

6. NY/T 2798.3—2015《无公害农产品　生产质量安全控制技术规范　第 3 部分：蔬菜》

本标准规定了无公害农产品蔬菜生产质量安全控制的基本要求，包括：产地环境、农业投入品、栽培管理、包装标识与产品贮运等环节关键点的质量安全控制措施。

本标准适用于无公害农产品蔬菜的生产、管理和认证。

7. NY/T 2798.4—2015《无公害农产品　生产质量安全控制技术规范　第 4 部分：水果》

本标准规定了无公害农产品水果种植质量安全控制的基本要求，包括：园地选择、品种选择、肥料使用、病虫草害防治、栽培管理等环节关键点的质量安全控制措施。

本标准适用于无公害农产品水果的生产、管理和认证。

8. NY/T 2798.5—2015《无公害农产品　生产质量安全控制技术规范　第 5 部分：食用菌》

本标准规定了无公害农产品食用菌生产质量安全控制的基本要求，包括：产地环境、农业投入品、栽培管理、采后处理等环节关键点的质量安全控制技术及要求。

本标准适用于无公害农产品食用菌的生产、管理和认证。

9. NY/T 2798.6—2015《无公害农产品　生产质量安全控制技术规范　第 6 部分：茶叶》

本标准规定了无公害农产品茶叶生产质量安全控制的基本要求，包括：茶园环境、茶树种苗、肥料使用、病虫草害防治、耕作与修剪、鲜叶管理、茶叶加工、包装标识与产品贮运等环节关键点的质量安全控制技术措施。

本标准适用于无公害农产品茶叶的生产、管理和认证。

10. NY/T 2798.7—2015《无公害农产品　生产质量安全控制技术规范　第 7 部分：家畜》

本标准规定了无公害家畜饲养的场址和设施、家畜引进、饮用水、饲料、兽药、饲养管理、疫病防治、无害化处理和记录等质量安全控制的技术要求。

本标准适用于无公害农产品猪、肉牛、肉羊、肉兔的生产、管理和认证；以产肉为主的其他家畜品种也可参照执行。

11. NY/T 2798.8—2015《无公害农产品　生产质量安全控制技术规范　第 8 部分：肉禽》

本标准规定了无公害肉禽饲养的场址环境选择、投入品使用、饲养管理、疫病防治、无害化处理和记录等质量安全控制技术及要求。

本标准适用于无公害农产品肉禽的生产、管理和认证。

12. NY/T 2798.9—2015《无公害农产品　生产质量安全控制技术规范　第9部分：生鲜乳》

本标准规定了无公害生鲜乳生产过程中产地环境、奶牛引进、饮用水、饲料、兽药、饲养管理、疫病防控、挤奶操作、贮存运输、无害化处理和记录等质量安全控制技术及要求。

本标准适用于无公害生鲜乳的生产、管理和认证。

13. NY/T 2798.10—2015《无公害农产品　生产质量安全控制技术规范　第10部分：蜂产品》

本标准规定了无公害蜂产品生产过程中的质量安全控制基本要求，包括：生产蜂场设置、养蜂机具、蜂群饲养管理、用药管理、卫生管理、蜂产品采收和贮运等。

本标准适用于无公害蜂产品生产、管理和认证。

14. NY/T 2798.11—2015《无公害农产品　生产质量安全控制技术规范　第11部分：鲜禽蛋》

本标准规定了无公害鲜禽蛋生产的场址和设施、禽只引进、饮用水、饲料和饲料添加剂、兽药、饲养管理、疫病防控、无害化处理、包装和贮运以及记录等技术要求。

本标准适用于无公害农产品鲜禽蛋的生产、管理和认证。

15. NY/T 2798.12—2015《无公害农产品　生产质量安全控制技术规范　第12部分：畜禽屠宰》

本标准规定了无公害畜禽屠宰生产质量安全控制的厂区布局及环境、车间及设施设备、畜禽来源、宰前检验检疫、屠宰加工过程控制、宰后检验检疫、产品检验、无害化处理、包装与贮运、可追溯管理和生产记录等关键环节质量安全控制技术要求。

本标准适用于猪、牛、羊、鸡、鸭等大宗畜禽无公害屠宰过程的生产、管理与认证。

16. NY/T 2798.13—2015《无公害农产品　生产质量安全控制技术规范　第13部分：养殖水产品》

本标准规定了无公害养殖水产品生产过程，包括：产地环境、养殖投入品管理、收获、销售和储运管理等环节的关键点质量安全控制技术及要求。

本标准适用于无公害养殖水产品的生产、管理和认证。

17. NY/T 5030—2016《无公害农产品　兽药使用准则》

本标准规定了兽药的术语和定义、使用要求、使用记录和不良反应报告。

本标准适用于无公害农产品（畜禽产品、蜂蜜）的生产、管理和认证。

三、无公害农产品认证

依据《无公害农产品管理办法》（农业部、质检总局令〔2002〕12号），无公害农产品管理工作，由政府推动，并实行产地认定和产品认证的工作模式。

（一）产地条件与生产管理

1. 产地条件

无公害农产品产地应当符合下列条件：

（1）产地环境符合无公害农产品产地环境的标准要求；

（2）区域范围明确；

（3）具备一定的生产规模。

2. 生产管理

无公害农产品的生产管理应当符合下列条件：

（1）生产过程符合无公害农产品生产技术的标准要求；

（2）有相应的专业技术和管理人员；

（3）有完善的质量控制措施，并有完整的生产和销售记录档案。

从事无公害农产品生产的单位或者个人，应当严格按规定使用农业投入品。禁止使用国家禁用、淘汰的农业投入品。

无公害农产品产地应当树立标示牌，标明范围、产品品种、责任人。

（二）产地认定

省级农业行政主管部门根据本办法的规定，负责组织实施本辖区内无公害农产品产地的认定工作。

（1）申请无公害农产品产地认定的单位或者个人（以下简称申请人），应当向县级农业行政主管部门提交书面申请，书面申请应当包括以下内容：

①申请人的姓名（名称）、地址、电话号码；

②产地的区域范围、生产规模；

③无公害农产品生产计划；

④产地环境说明；

⑤无公害农产品质量控制措施；

⑥有关专业技术和管理人员的资质证明材料；

⑦保证执行无公害农产品标准和规范的声明；

⑧其他有关材料。

（2）县级农业行政主管部门自收到申请之日起，在10个工作日内完成对申请材料的初审工作。申请材料初审不符合要求的，应当书面通知申请人。

（3）申请材料初审符合要求的，县级农业行政主管部门应当逐级将推荐意见和有关材料上报省级农业行政主管部门。

（4）省级农业行政主管部门自收到推荐意见和有关材料之日起，在10个工作日内完成对有关材料的审核工作，符合要求的，组织有关人员对产地环境、区域范围、生产规模、质量控制措施、生产计划等进行现场检查。现场检查不符合要求的，应当书面通知申请人。

（5）现场检查符合要求的，应当通知申请人委托具有资质资格的检测机构，对产地环境进行检测。承担产地环境检测任务的机构，根据检测结果出具产地环境检测报告。

（6）省级农业行政主管部门对材料审核、现场检查和产地环境检测结果符合要求的，应当自收到现场检查报告和产地环境检测报告之日起，30个工作日内颁发无公害农产品产地认定证书，并报农业部和国家认证认可监督管理委员会备案。不符合要求的，应当书面通知申请人。

（7）无公害农产品产地认定证书有效期为3年。期满需要继续使用的，应当在有效期满90日前，按照本办法规定的无公害农产品产地认定程序，重新办理。

（三）产品认证

无公害农产品的认证机构，由国家认证认可监督管理委员会审批，并获得国家认证认可监督管理委员会授权的认可机构的资格认可后，方可从事无公害农产品认证活动。

（1）申请无公害农产品认证的单位或者个人（以下简称申请人），应当向认证机构提交书面申请，书面申请应当包括以下内容：

①申请人的姓名（名称）、地址、电话号码；

②产品品种、产地的区域范围和生产规模；

③无公害农产品生产计划；

④产地环境说明；

⑤无公害农产品质量控制措施；

⑥有关专业技术和管理人员的资质证明材料；

⑦保证执行无公害农产品标准和规范的声明；

⑧无公害农产品产地认定证书；

⑨生产过程记录档案；

⑩认证机构要求提交的其他材料。

（2）认证机构自收到无公害农产品认证申请之日起，应当在15个工作日内完成对申请材料的审核。材料审核不符合要求的，应当书面通知申请人。

（3）符合要求的，认证机构可以根据需要派员对产地环境、区域范围、生产规模、质量控制措施、生产计划、标准和规范的执行情况等进行现场检查。现场检查不符合要求的，应当书面通知申请人。

（4）材料审核符合要求的、或者材料审核和现场检查符合要求的（限于需要对现场进行检查时），认证机构应当通知申请人委托具有资质资格的检测机构对产品进行检测。承担产品检测任务的机构，根据检测结果出具产品检测报告。

（5）认证机构对材料审核、现场检查（限于需要对现场进行检查时）和产品检测结果符合要求的，应当在自收到现场检查报告和产品检测报告之日起，30个工作日内颁发无公害农产品认证证书。对不符合要求的，应当书面通知申请人。

（6）认证机构应当自颁发无公害农产品认证证书后30个工作日内，将其颁发的认证证书副本同时报农业部和国家认证认可监督管理委员会备案，由农业部和国家认证认可监督管理委员会公告。

（7）无公害农产品认证证书有效期为3年。期满需要继续使用的，应当在有效期满90日前，按照本办法规定的无公害农产品认证程序，重新办理。在有效期内生产无公害农产品认证证书以外的产品品种的，应当向原无公害农产品认证机构办理认证证书的变更手续。

（8）无公害农产品产地认定证书、产品认证证书格式由农业部、国家认证认可监督管理委员会规定。

第二节　绿色食品认证

绿色食品（Green Food）是指产自优良生态环境、按照绿色食品标准生产、实行全程质量控制并获得绿色食品标志使用权的安全、优质食用农产品及相关产品。

一、绿色食品标志

为加强绿色食品标志使用管理，确保绿色食品信誉，促进绿色食品事业健康发展，维护生产经营者和消费者合法权益，农业部制定了《绿色食品标志管理办法》（农业部令〔2012〕6 号）。

绿色食品标志是由中国绿色食品发展中心，在国家工商行政管理局商标局正式注册的质量证明商标，用以标识安全、优质的绿色食品。

绿色食品标志由三部分构成，即上方的太阳、下方的叶片和中心的蓓蕾（图7-2）。标志为正圆形，意为保护。整个图形描绘了一幅明媚阳光照耀下的和谐生机，告诉人们绿色食品正是出自纯净、良好生态环境的安全无污染食品，能给人们带来蓬勃的生命力。绿色食品标志还提醒人们要保护环境，通过改善人与环境的关系，创造自然界新的和谐。

图7-2　绿色食品标志

绿色食品标志作为一种特定的产品质量的证明商标，其商标专用权受《中华人民共和国商标法》保护。绿色食品标志管理的手段包括技术手段和法律手段。技术手段是指按照绿色食品标准体系对绿色食品产地环境、生产过程及产品质量进行认证，只有符合绿色食品标准的企业和产品才能使用绿色食品标志商标。法律手段是指对使用绿色食品标志的企业和产品实行商标管理。绿色食品标志商标已由中国绿色食品发展中心在国家工商行政管理局注册，

专用权受《中华人民共和国商标法》保护。

二、绿色食品标准

绿色食品标准是指应用科学技术原理，结合绿色食品生产实践，借鉴国内外相关标准所制定的，在绿色食品生产中必须遵守的，在绿色食品质量认证时必须依据的技术性文件。绿色食品标准包括绿色食品产地环境质量标准、生产技术标准、产品标准和包装贮藏运输标准四部分，贯穿绿色食品生产全过程。

1. NY/T 1054—2013《绿色食品　产地环境调查、监测与评价规范》

本标准规定了绿色食品产地环境调查、产地环境质量监测和产地环境质量评价的要求。

本标准适用于绿色食品产地环境。

2. NY/T 391—2013《绿色食品　产地环境质量》

本标准规定了绿色食品产地的术语和定义、生态环境要求、空气质量要求、水质要求、土壤质量要求。

本标准适用于绿色食品生产。

3. NY/T 2400—2013《绿色食品　花生生产技术规程》

本标准规定了绿色食品花生生产地环境要求和生产管理措施。

本标准适用于绿色食品花生生产。

4. NY/T 392—2013《绿色食品　食品添加剂使用准则》

本标准规定了绿色食品食品添加剂的术语和定义、食品添加剂使用原则和使用规定。

本标准适用于绿色食品生产。

5. NY/T 393—2013《绿色食品　农药使用准则》

本标准规定了绿色食品生产和仓储中有害生物防治原则、农药选用、农药使用规范和绿色食品农药残留要求。

本标准适用于绿色食品的生产和仓储。

6. NY/T 394—2013《绿色食品　肥料使用准则》

本标准规定了绿色食品生产中肥料使用原则、肥料种类及使用规定。

本标准适用于绿色食品的生产。

7. NY/T 472—2013《绿色食品　兽药使用准则》

本标准规定了绿色食品生产中兽药使用的术语和定义、基本原则、生产绿色食品的兽药使用原则。

本标准适用于绿色食品畜禽及其产品的生产与管理。

8. NY/T 755—2013《绿色食品　渔药使用准则》

本标准规定了绿色食品水产养殖过程中渔药使用的术语和定义、基本原则和使用规定。

本标准适用于绿色食品水产养殖过程中疾病的预防和治疗。

9. NY/T 274—2014《绿色食品　葡萄酒》

本标准规定了绿色食品葡萄酒的术语和定义、分类、要求、检验规则、标志和标签、包装、运输和贮存。

本标准适用于经发酵等工艺酿制而成的绿色食品葡萄酒。

10. NY/T 843—2015《绿色食品　畜禽肉制品》

本标准规定了绿色食品畜禽肉制品的术语和定义、产品分类、要求、检验规则、标签、包装、运输和贮存。

本标准适用于绿色食品畜禽肉制品，包括：调制肉制品、腌腊肉制品、酱卤肉制品、熏烧焙烤肉制品、肉干制品及肉类罐头制品。不适用于畜肉、禽肉、辐照畜禽肉制品和可食用畜禽副产品。

11. NY/T 1325—2015《绿色食品　芽苗类蔬菜》

本标准规定了绿色食品芽苗类蔬菜的要求、检验规则、标签、包装、运输和贮存。

本标准适用于绿色食品种芽类芽苗菜，包括：绿豆芽、黄豆芽、黑豆芽、青豆芽、红豆芽、蚕豆芽、红小豆芽、豌豆苗、花生芽、苜蓿芽、小扁豆芽、萝卜芽菘蓝芽、沙芥芽、芥菜芽、芥蓝芽、白菜芽、独行菜芽、种芽香椿、向日葵芽、荞麦芽、胡椒芽、紫苏芽、水芹芽、小麦苗、胡麻芽、蕹菜芽、芝麻芽、黄秋葵芽等。

12. NY/T 1405—2015《绿色食品　水生蔬菜》

本标准规定了绿色食品水生蔬菜的要求、检验规则、标签、包装、运输和贮存。

本标准适用于绿色食品茭白、水芋、水蕹菜、豆瓣菜、水芹、莼菜、蒲菜、莲子米等水生蔬菜（拉丁学名及俗名参见本校准附录 A）。不包括藕及其制品。

13. NY/T 1506—2015《绿色食品　食用花卉》

本标准规定了绿色食品食用花卉的术语和定义、要求、检验规则、标签、包装、运输和贮存。

本标准适用于绿色食品食用花卉的鲜品，包括菊花、玫瑰花、金银花、茉莉花、金雀花、代代花、槐花、以及国家批准的其他可食用花卉。

14. NY/T 896—2015《绿色食品　产品抽样准则》

本标准规定了绿色食品样品抽取的术语和定义、一般要求、抽样程序和抽样方法。

本标准适用于绿色食品产品的样品抽取。

15. NY/T 1055—2015《绿色食品　产品检验规则》

本标准规定了绿色食品的检验分类、抽样、检验依据和判定规则。

本标准适用于绿色食品的产品检验。

16. NY/T 658—2015《绿色食品　包装通用准则》

本标准规定了绿色食品包装的术语和定义、基本要求、安全卫生要求、生产要求、环保要求、标志与标签要求和标识、包装、贮存与运输要求。

本标准适用于绿色食品包装的生产与使用。

三、绿色食品认证

为规范绿色食品标志许可审查工作，根据《绿色食品标志管理办法》（农业部令〔2012〕6 号），对绿色食品相关认证程序进行修订，农业部绿色食品管理办公室和中国绿色食品发展中心制定了《绿色食品标志许可审查程序》（农绿认〔2014〕9 号）。

中国绿色食品发展中心（以下简称中心）负责绿色食品标志使用申请的审查、核准工作。

省级农业行政主管部门所属绿色食品工作机构（以下简称省级工作机构），负责本行政区域绿色食品标志使用申请的受理、初审、现场检查工作。地（市）、县级农业行政主管部门所属相关工作机构可受省级工作机构委托承担上述工作。

绿色食品检测机构（以下简称检测机构）负责绿色食品产地环境、产品检测和评价工作。

（一）标志许可申请

（1）申请人应当具备下列资质条件：

①能够独立承担民事责任。如企业法人、农民专业合作社、个人独资企业、合伙企业、家庭农场等，国有农场、国有林场和兵团团场等生产单位；

②具有稳定的生产基地；

③具有绿色食品生产的环境条件和生产技术；

④具有完善的质量管理体系，并至少稳定运行一年；

⑤具有与生产规模相适应的生产技术人员和质量控制人员；

⑥申请前三年内无质量安全事故和不良诚信记录；

⑦与绿色食品工作机构或检测机构不存在利益关系。

（2）申请使用绿色食品标志的产品，应当符合《中华人民共和国食品安全法》和《中华人民共和国农产品质量安全法》等法律法规规定，在国家工商总局商标局核定的范围内，并具备下列条件：

①产品或产品原料产地环境符合绿色食品产地环境质量标准；

②农药、肥料、饲料、兽药等投入品使用符合绿色食品投入品使用准则；

③产品质量符合绿色食品产品质量标准；

④包装贮运符合绿色食品包装贮运标准。

（3）申请人至少在产品收获、屠宰或捕捞前三个月，向所在省级工作机构提出申请，完成网上在线申报并提交下列文件：

①《绿色食品标志使用申请书》及《调查表》；

②资质证明材料。如《营业执照》《全国工业产品生产许可证》《动物防疫条件合格证》《商标注册证》等证明文件复印件；

③质量控制规范；

④生产技术规程；

⑤基地图、加工厂平面图、基地清单、农户清单等；

⑥合同、协议、购销发票，生产、加工记录；

⑦含有绿色食品标志的包装标签或设计样张（非预包装食品不必提供）；

⑧应提交的其他材料。

（二）初次申请审查

（1）省级工作机构应当自收到第七条规定的申请材料之日起，十个工作日内完成材料审查。对符合要求的，予以受理，向申请人发出《绿色食品申请受理通知书》，执行第九条；不符合要求的，不予受理，书面通知申请人本生产周期不再受理其申请，并告知理由。

（2）省级工作机构应当根据申请产品类别，组织至少两名具有相应资质的检查员组成检查组，提前告知申请人并向其发出《绿色食品现场检查通知书》，明确现场检查计划。在产品及产品原料生产期内，完成现场检查。

（3）现场检查要求

申请人应当根据现场检查计划做好安排。检查期间，要求主要负责人、绿色食品生产负责人、内检员或生产管理人员、技术人员等在岗，开放场所设施设备，备好文件记录等资料。

检查员在检查过程中应当收集好相关信息，作好文字、影像、图片等信息记录。

（4）现场检查程序

①召开首次会议：由检查组长主持，明确检查目的、内容和要求，申请人主要负责人、绿色食品生产负责人、技术人员和内检员等人员参加。

②实地检查：检查组应当对申请产品的生产环境、生产过程、包装贮运、环境保护等环节逐一进行实地检查。

③查阅文件、记录：核实申请人全程质量控制能力及有效性，如质量控制规范、生产技术规程、合同、协议、基地图、加工厂平面图、基地清单、记录等。

④随机访问：在查阅资料及实地检查过程中，随机访问生产人员、技术人员及管理人员，收集第一手资料。

⑤召开总结会：检查组与申请人沟通现场检查情况并交换现场检查意见。

（5）现场检查完成后，检查组应当在十个工作日内，向省级工作机构提交《绿色食品现场检查报告》。省级工作机构依据《绿色食品现场检查报告》向申请人发出《绿色食品现场检查意见通知书》，现场检查合格的，执行第十三条；不合格的，通知申请人本生产周期不再受理其申请，告知理由并退回申请。

（6）产地环境、产品检测和评价

①申请人按照《绿色食品现场检查意见通知书》的要求，委托检测机构对产地环境、产品进行检测和评价。

②检测机构接受申请人委托后，应当分别依据《绿色食品　产地环境调查、监测与评价

规范》（NY/T 1054）和《绿色食品　产品抽样准则》（NY/T 896）及时安排现场抽样，并自环境抽样之日起 30 个工作日内、产品抽样之日起 20 个工作日内完成检测工作，出具《环境质量监测报告》和《产品检验报告》，提交省级工作机构和申请人。

③申请人如能提供近一年内绿色食品检测机构或国家级、部级检测机构出具的《环境质量监测报告》，且符合绿色食品产地环境检测项目和质量要求的，可免做环境检测。

经检查组调查确认产地环境质量符合《绿色食品　产地环境质量》（NY/T 391）和《绿色食品　产地环境调查、监测与评价规范》（NY/T 1054）中免测条件的，省级工作机构可做出免做环境检测的决定。

（7）省级工作机构应当自收到《绿色食品现场检查报告》《环境质量监测报告》和《产品检验报告》之日起，20 个工作日内完成初审。初审合格的，将相关材料报送中心，同时完成网上报送；不合格的，通知申请人本生产周期不再受理其申请，并告知理由。

（8）中心应当自收到省级工作机构报送的完备申请材料之日起，30 个工作日内完成书面审查，提出审查意见，并通过省级工作机构向申请人发出《绿色食品审查意见通知书》。

①需要补充材料的，申请人应在《绿色食品审查意见通知书》规定时限内补充相关材料，逾期视为自动放弃申请；

②需要现场核查的，由中心委派检查组再次进行检查核实；

③审查合格的，中心在 20 个工作日内组织召开绿色食品专家评审会，并形成专家评审意见。

（9）中心根据专家评审意见，在 5 个工作日内做出是否颁证的决定，并通过省级工作机构通知申请人。同意颁证的，进入绿色食品标志使用证书（以下简称证书）颁发程序；不同意颁证的，告知理由。

第三节　有机产品认证

有机产品（organnic products）是指生产、加工和销售符合中国有机产品国家标准的供人类消费、动物食用的产品。

一、有机产品标志

为了维护消费者、生产者和销售者合法权益，进一步提高有机产品质量，加强有机产品认证管理，促进生态环境保护和可持续发展，根据《中华人民共和国产品质量法》《中华人民共和国进出口商品检验法》《中华人民共和国认证认可条例》等法律和行政法规的规定，国家质量监督检验检疫总局制定了《有机产品认证管理办法》（国家质检总局令〔2014〕155 号 2015 年修订本）。

中国有机产品标志由三部分组成，既外围的圆形、中间的种子图形及其周围的环形线条（图 7 - 3）。

图 7 – 3　有机产品标志

标志外围的圆形形似地球，象征和谐、安全；圆形中的"中国有机产品"字样为中英文结合方式，既表示中国有机产品与世界同行，也有利于国内外消费者识别。

标志中间类似于种子的图形代表生命萌发之际的勃勃生机，象征了有机产品是从种子开始的全过程认证；同时昭示出有机产品就如同刚刚萌发的种子，正在中国大地上茁壮成长。

种子图形周围圆润自如的线条象征环形道路，与种子图形合并构成汉字"中"，体现出有机产品植根中国，有机之路越走越宽广。同时，处于平面的环形又是英文字母"C"的变体，种子形状也是"O"的变形，意为"China Organic"。

绿色代表环保、健康，表示有机产品给人类的生态环境带来完美与协调。橘红色代表旺盛的生命力，表示有机产品对可持续发展的作用。

有机产品认证证书有效期为 1 年。认证证书的编号应当从国家认监委网站"中国食品农产品认证信息系统"中获取。认证机构不得仅依据本机构编制的证书编号发放认证证书。

二、有机产品标准

有机产品标准分为四个部分：生产、加工、标识与销售、管理体系。各认证机构统一按照该标准开展有机产品认证工作。

1. GB/T 19630.1—2011《有机产品　第 1 部分：生产》

本部分规定了植物、动物和微生物产品的有机生产通用规范和要求。

本部分适用于有机植物、动物和微生物产品的生产、收获和收获后处理、包装、贮藏和运输。

2. GB/T 19630.2—2011《有机产品　第 2 部分：加工》

本部分规定了有机加工的通用规范和要求。

本部分适用于以按 GB/T 19630.1 生产的未加工产品为原料进行的加工及包装、贮藏和运输的全过程，包括食品、饲料和纺织品。

3. GB/T 19630.3—2011《有机产品　第 3 部分：标识与销售》

本部分规定了有机产品标识和销售的通用规范及要求。

第七章　食品认证管理

129

本部分适用于按 GB/T 19630.1 生产或按 GB/T 19630.2 加工并获得认证的产品的标识和销售。

4. GB/T 19630.4—2011《有机产品　第 4 部分：管理体系》

本部分规定了有机产品生产、加工、经营过程中应建立和维护的管理体系的通用规范和要求。

本部分适用于有机产品生产、加工、经营者。

三、有机产品认证

有机产品认证是指认证机构依照本办法的规定，按照有机产品认证规则，对符合中国有机产品国家标准相关产品的生产、加工和销售活动进行的合格评定活动。

为规范有机产品认证活动，根据《中华人民共和国认证认可条例》（国务院令〔2003〕390 号 2016 年修正版）和《有机产品认证管理办法》（国家质检总局令〔2014〕155 号 2015 年修订本）等有关规定，中国国家认证认可监督管理委员会制定了《有机产品认证实施规则》（国家认监委公告〔2014〕11 号）。

国家认证认可监督管理委员会（以下简称国家认监委）负责全国有机产品认证的统一管理、监督和综合协调工作。地方各级质量技术监督部门和各地出入境检验检疫机构（以下统称地方认证监管部门）按照职责分工，依法负责所辖区域内有机产品认证活动的监督检查和行政执法工作。

国家推行统一的有机产品认证制度，实行统一的认证目录、统一的标准和认证实施规则、统一的认证标志。国家认监委负责制定和调整有机产品认证目录、认证实施规则，并对外公布。

1. 认证机构信息

认证机构受理认证申请应至少公开以下信息：

（1）认证资质范围及有效期；

（2）认证程序和认证要求；

（3）认证依据；

（4）认证收费标准；

（5）认证机构和认证委托人的权利与义务；

（6）认证机构处理申诉、投诉和争议的程序；

（7）批准、注销、变更、暂停、恢复和撤销认证证书的规定与程序；

（8）对获证组织正确使用中国有机产品认证标志、认证证书和认证机构标识（或名称）的要求；

（9）对获证组织正确宣传有机生产、加工过程及认证产品的要求，以及管理和控制有机认证产品销售证的要求。

2. 认证申请条件

认证机构受理有机产品认证申请的条件如下：

（1）认证委托人及其相关方生产、加工的产品符合相关法律法规、质量安全卫生技术标准及规范的基本要求。

（2）认证委托人建立和实施了文件化的有机产品管理体系，并有效运行3个月以上。

（3）申请认证的产品应在国家认监委公布的《有机产品认证目录》内。

（4）认证委托人及其相关方在5年内未出现提供虚假信息、违规使用禁用物质、超范围使用有机认证标志等问题，未出现产品质量安全重大事故。

（5）认证委托人及其相关方一年内未被认证机构撤销认证证书。

（6）认证委托人应至少提交以下文件和资料：

①认证委托人的合法经营资质文件的复印件，包括营业执照副本、组织机构代码证、土地使用权证明及合同等。

②认证委托人及其有机生产、加工、经营的基本情况。

③产地（基地）区域范围描述，包括地理位置、地块分布、缓冲带及产地周围临近地块的使用情况；加工场所周边环境（包括水、气和有无面源污染）描述、厂区平面图、工艺流程图等。

④有机产品生产、加工规划，包括：对生产、加工环境适宜性的评价，对生产方式、加工工艺和流程的说明及证明材料，农药、肥料、食品添加剂等投入物质的管理制度，以及建立质量保证、标识与追溯体系、有机生产加工风险控制措施等。

⑤本年度有机产品生产、加工计划，上一年度销售量、销售额和主要销售市场等。

⑥承诺守法诚信，接受认证机构、认证监管等行政执法部门的监督和检查，保证提供材料真实，执行有机产品标准、技术规范及关于销售证管理的声明。

⑦有机生产、加工的质量管理体系文件。

⑧有机转换计划（适用时）。

⑨其他相关材料。

3. 申请材料审查

认证机构应根据有机产品认证依据、程序等要求，在10日内对提交的申请文件和资料进行审查并作出是否受理的决定，保存审查记录。

（1）申请材料齐全、符合要求的，予以受理认证申请；对不予受理的，应当书面通知认证委托人，并说明理由。

（2）认证机构可采取必要措施帮助认证委托人以及直接进行有机产品生产、加工者进行技术标准培训，使其正确理解和执行标准要求。

4. 现场检查准备

（1）根据所申请产品对应的认证范围，认证机构应委派具有相应资质和能力的检查员组成检查组。每个检查组应至少有一名相应认证范围注册资质的专职检查员，并担任检查组组长。

（2）对同一认证委托人的同一生产单元，认证机构不能连续3年以上（含3年）委派同一检查员实施检查。

（3）认证机构在现场检查前可向检查组下达检查任务书，应包含检查依据、检查范围、检查时间、检查要点等内容。

（4）检查组应制定书面的检查计划，经认证机构审定后交认证委托人并获得确认。

（5）现场检查时间应安排在申请认证产品的生产、加工过程或易发质量安全风险的阶段。因生产季等原因，初次现场检查不能覆盖所有申请认证产品的，应当在认证证书有效期内实施现场补充检查。

（6）认证机构应当在现场检查前，至少提前5日将认证委托人、检查通知及检查计划等基本信息登录到国家认监委网站"自愿性认证活动执法监管信息系统"。

5. 现场检查实施

检查组应当根据认证依据要求，对认证委托人建立的管理体系的符合性进行评审。根据认证委托人提交的文件和资料，核实生产加工过程。

（1）检查内容

检查内容至少应包括：

①对生产、加工过程和场所的检查。

②对生产、加工管理人员、内部检查员、操作者进行访谈。

③对 GB/T 19630.4 所规定的管理体系文件与记录进行审核。

④对认证产品的产量与销售量进行汇总和核算。

⑤对产品和认证标志追溯体系、包装标识情况进行评价和验证。

⑥对内部检查和持续改进进行评估。

⑦对产地和生产加工环境质量状况进行确认，评估对有机生产、加工的潜在污染风险。

⑧采集必要的样品。

⑨对上一年度提出的不符合项采取的纠正和纠正措施进行验证（适用时）。

检查组在结束检查前，应对检查情况进行总结，向受检查方和认证委托人确认检查发现的不符合项。

（2）样品检测

认证机构应当对申请认证的所有产品安排样品检验检测，在风险评估基础上确定需检测的项目。

认证机构应委托具备法定资质的检验检测机构进行样品检测。

有机生产或加工中允许使用物质的残留量应符合相关法律法规或强制性标准的规定。有机生产和加工中禁止使用的物质不得检出。

（3）环境检查

认证委托人应出具有资质的监测（检测）机构对产地环境质量进行的监测（检测）

报告，或县级以上环境保护部门出具的证明性材料，以证明产地的环境质量状况符合GB/T 19630《有机产品》规定的要求。

（4）有机转换检查

有机转换计划须事前获得认证机构认定。在开始实施转换计划后，每年须经认证机构派出的检查组核实、确认。未按转换计划完成转换并经现场检查确认的生产单元不能获得认证。未能保持有机认证的生产单元，需重新经过有机转换才能再次获得有机认证。

（5）投入品的检查

有机生产或加工过程中允许使用 GB/T 19630.1 附录 A、附录 B 及 GB/T 19630.2 附录 A、附录 B 列出的物质。

对未列入 GB/T 19630.1 附录 A、附录 B 及 GB/T19630.2 附录 A、附录 B 的投入品，国家认监委可在专家评估的基础上公布有机生产、加工投入品临时补充列表。

（6）检查报告

认证机构应规定本机构的检查报告的基本格式。

检查报告应叙述内容检查、样品检测、环境检查、有机转换检查、投入品的检查列明的各项要求的检查情况，就检查证据、检查发现和检查结论逐一进行描述。

检查报告应当随附必要的证据或记录，包括文字或照片摄像等音视频资料。

检查组应通过检查记录等书面文件提供充分信息，对认证委托人执行标准的总体情况作评价，对是否通过认证提出意见建议。

认证机构应将检查报告提交给认证委托人，并保留签收或提交的证据。

6. 认证决定

（1）认证机构应在对产地环境质量的现场检查和产品检测评估的基础上作出认证决定，同时考虑产品生产、加工特点，认证委托人或直接生产加工者的管理体系稳定性，当地农兽药使用、环境保护和区域性社会质量诚信状况等情况。

（2）对符合以下要求的认证委托人，认证机构应颁发认证证书。

①生产加工活动、管理体系及其他审核证据符合本规则和认证标准的要求。

②生产加工活动、管理体系及其他审核证据虽不完全符合本规则和认证依据标准的要求，但认证委托人已经在规定的期限内完成了不符合项纠正措施，并通过认证机构验证。

（3）认证委托人的生产加工活动存在以下情况之一，认证机构不应批准认证。

①提供虚假信息，不诚信的。

②未建立管理体系或建立的管理体系未有效实施的。

③生产加工过程使用了禁用物质或者受到禁用物质污染的。

④产品检测发现存在禁用物质的。

⑤申请认证的产品质量不符合国家相关法律法规和（或）技术标准强制要求的。

⑥存在认证现场检查场所外进行再次加工、分装、分割情况的。

⑦一年内出现重大产品质量安全问题，或因产品质量安全问题被撤销有机产品认证证

书的。

⑧未在规定的期限完成不符合项纠正和纠正措施，或提交的纠正和纠正措施未满足认证要求的。

⑨经检测（监测）机构检测（监测）证明产地环境受到污染的。

⑩其他不符合本规则和（或）有机产品标准要求，且无法纠正的。

（4）申诉。

认证委托人如对认证决定结果有异议，可在10日内向认证机构申诉，认证机构自收到申诉之日起，应在30日内处理并将处理结果书面通知认证委托人。

认证委托人如认为认证机构的行为严重侵害了自身合法权益，可以直接向各级认证监管部门申诉。

第四节　地理标志产品认证

地理标志产品（geographical indication products）是指产自特定地域，所具有的质量、声誉或其他特性，本质上取决于该产地的自然因素和人文因素，经审核批准以地理名称进行命名的产品。地理标志产品包括：来自本地区的种植、养殖产品；原材料全部来自本地区或部分来自其他地区，并在本地区按照特定工艺生产和加工的产品。

一、地理标志产品标志

为了有效保护我国的地理标志产品，规范地理标志产品名称和专用标志的使用，保证地理标志产品的质量和特色，根据《中华人民共和国产品质量法》《中华人民共和国标准化法》《中华人民共和国进出口商品检验法》等有关规定，国家质量监督检验检疫总局制定了《地理标志产品保护规定》（质检总局令〔2005〕78号）。

国家质量监督检验检疫总局（以下简称"国家质检总局"）统一管理全国的地理标志产品保护工作。各地出入境检验检疫局和质量技术监督局（以下简称各地质检机构）依照职能开展地理标志产品保护工作。

《地理标志保护产品专用标志》（质检总局公告〔2005〕151号）和《地理标志保护产品专用标志比例图》（质检总局公告〔2006〕109号）对地理标志产品标志作出规定。

地理标志产品标志的轮廓为椭圆型，淡黄色外圈，绿色底色。椭圆内圈中均匀分布四条经线、五条纬线，椭圆中央为中华人民共和国地图（图7-4）。

在外圈上部标注"中华人民共和国地理标志保护产品"字样；中华人民共和国地图中央标注"PGi"字样；在外圈下部标注"PEOPLE'S REPUBLIC OF CHINA"字样。在椭圆型第四条和第五条纬线之间中部标注受保护的地理标志产品名称，图中以"龙井茶"为例。

二、地理标志产品标准

地理标志产品的标准主要有国家标准和地方标准。

图 7 - 4　地理标志保护产品标志

根据《地理标志产品保护规定》（质检总局令〔2005〕78 号），拟保护的地理标志产品，应根据产品的类别、范围、知名度、产品的生产销售等方面的因素，分别制订相应的国家标准、地方标准或管理规范。国家标准化行政主管部门组织草拟并发布地理标志保护产品的国家标准；省级地方人民政府标准化行政主管部门组织草拟并发布地理标志保护产品的地方标准。如果这些国家标准和地方标准是推荐性标准，被一些地方法规所引用，实际上成为了强制执行的标准。

使用地理标志产品专用标志，应同时标注国家质检总局批准公告号以及所执行的地理标志产品标准号以及该产品的通用标准等。

三、产品保护工作程序

在《地理标志产品保护工作细则》（国质检科〔2009〕222 号）中，规定了可以申请为地理标志保护的产品和的地理标志产品保护工作程序。

（一）地理标志保护产品

以下产品可以经申请批准为地理标志保护产品：

（1）在特定地域种植、养殖的产品，决定该产品特殊品质、特色和声誉的主要是当地的自然因素；

（2）在产品产地采用特定工艺生产加工，原材料全部来自产品产地，当地的自然环境和生产该产品所采用的特定工艺中的人文因素决定了该产品的特殊品质、特色质量和声誉；

（3）在产品产地采用特定工艺生产加工，原材料部分来自其他地区，该产品产地的自然环境和生产该产品所采用的特定工艺中的人文因素决定了该产品的特殊品质、特色质量和声誉。

（二）产品保护工作程序

地理标志产品具体的保护工作程序（表 7 - 2），主要的保护工作程序如下。

（1）地理标志产品保护申请，由当地县级以上人民政府（含县级，以下同）指定的地理标志产品保护申请机构或人民政府认定的协会和企业（以下简称申请人）提出，由申请人负责准备有关的申请资料。

（2）省级质检机构负责对申请进行初审。初审不组织召开专家审查会。初审合格的，向国家质检总局提出初审意见，并将相关文件、资料上报国家质检总局。

（3）国家质检总局负责对通过初审的申请进行形式审查。对于形式要件不齐全或不符合规定要求的，国家质检总局在30个工作日内向省级质检机构发出形式审查意见通知书。形式审查合格的，通过国家质检总局公报、官方网站发布受理公告。

（4）审查合格的，由国家质检总局发布该产品获得地理标志产品保护的公告。颁发《地理标志产品保护证书》。

（5）获得专用标志使用资格的生产者，应在产品包装标识上标明"国家地理标志保护产品"字样，并在标识显著位置标明地理标志保护产品名称，同时应执行国家对产品包装标识的强制性规定。

（6）地理标志产品的质量检验，由指定的法定检验机构承担。必要时国家质检总局组织复检。各地质检机构对地理标志保护产品进行以下日常监督管理。

（7）国家质检总局每年安排一定数量的地理标志保护产品列入监督抽查目录，重点检查产品名称、质量、产量、包装、标识及专用标志使用等。

（8）省级质检机构每年3月底前将上一年本辖区地理标志产品保护的情况及专用标志的使用情况报国家质检总局。

表7-2 地理标志产品保护工作程序

工作阶段	工作部门	工作流程	文件及资料
一、申报准备阶段	相关申请机构及产品所在地质量技术监督局［县（区）以上］	（1）县级以上人民政府并提出拟划定地理标志产品保护范围的建议； （2）县级以上人民政府成立申报机构，组织申报材料； （3）收集、整理现行的针对该产品的标准或技术规范； （4）收集、整理已有的产品检测报告	（1）《地理标志产品保护申请书》； （2）成立地理标志产品申报机构的文件； （3）《县级以上人民政府划定地理标志产品保护范围的建议的函》； （4）现行针对该申报产品的标准或技术规范（企业标准须经当地标准化部门认可）； （5）《申报材料》
	相关申请机构及产品所在辖区出入境检验检疫局	（1）（3）（4）同上； （2）政府授权协会和企业作为申报主体的申请，组织申报材料	（1）（3）（4）（5）同上； （2）《政府授权协会和企业作为申报主体的函》

工作阶段	工作部门	工作流程	文件及资料
二、初审阶段	省级质检机构	(5)对申报机构提出的建议和申报材料进行初审,初审时间一般不超过30个工作日; (6)向总局管理机构提交初审意见	(1)以上相关材料; (2)初审意见的函
三、受理阶段	国家质检总局管理机构和专家委员会	(7)形式要件不合格的,30个工作日内向省级质检机构下发审查意见通知书; (8)形式要件合格的,进入受理程序; (9)发布受理公告; (10)受理异议	(1)以上相关材料; (2)审查意见通知书; (3)受理公告
四、审核批准阶段	省级质检机构申报机构	(11)申报机构进行评审准备	(1)《地理标志产品陈述报告》; (2)《产品质量技术要求》; (3)申报材料; (4)省级质检机构申请召开地理标志;保护专家审查会的函
	国家质检总局管理机构省级质检机构	(12)异议处理。异议期2个月,如有异议,一般由省级质检机构负责协调;无异议的,由总局管理机构组织召开专家审查会	《专家审查会会议纪要》
	产地质检机构	(13)申报方根据专家审查会意见修改《产品质量技术要求》等相关文件	《产品质量技术要求》
	国家质检总局	(14)申报方将《产品质量技术要求》报总局管理机构,经专家确认后,由国家质检总局管理机构起草公告; (15)发布批准公告; (16)向申报机构颁发证书	《地理标志产品保护批准公告》 《地理标志保护产品证书》
五、地理标志产品技术标准体系的建立	省级质检机构产地质检机构	(17)省级质检机构根据国家质检总局批准公告中的质量技术要求,组织制定地理标志产品的综合标准	地理标志保护产品综合标准
	国家质检总局管理机构	(18)综合标准制定后,由省级质检机构报国家质检总局管理机构委托的技术机构备案	

第七章 食品认证管理

续表

工作阶段	工作部门	工作流程	文件及资料
六、专用标志申报阶段	产地质检机构	(19)生产者向产地质检机构提出使用专用标志的申请,并提交相关材料	(1)《地理标志产品专用标志使用申请书》; (2)《地理标志保护产品综合标准》; (3)产品生产者简介; (4)产品(包括原材料)产自特定地域的证明; (5)指定产品质量检验机构出具的检验报告; (6)申请专用标志企业汇总表(含电子版)
	省级质检机构	(20)省级质检机构向国家质检总局提供审核意见及相关材料	
七、专用标志注册登记阶段	国家质检总局管理机构	(21)注册登记,发布批准专用标志使用公告; (22)向企业颁发《地理标志产品专用标志使用证书》	(1)《核准企业使用地理标志保护产品专用标志公告》; (2)《地理标志保护产品专用标志使用证书》
八、后续监管阶段	产地质检机构	(23)负责专用标志的印制、发放、使用的监督; (24)对地理标志产品保护范围实施监控; (25)对生产数量实施监控; (26)实施从原材料到销售各环节的日常质量监控; (27)对标识标注进行监督	(1)《地理标志产品监督管理办法》; (2)《印制、发放、使用专用标志管理办法》
	省级质检机构	(28)负责本辖区的地理标志产品保护的监督管理	
	国家质检总局	(29)统一管理地理标志产品保护工作	

注:"产地质检机构"是指国家质检总局发布的批准公告中确定的管理机构。

 复习思考题

1. 什么是食品认证?

2. 什么是无公害农产品?

3. 什么是绿色食品?

4. 什么是有机产品?

5. 什么是地理标志产品?

第八章　食品标准与法规文献检索

【本章提要】

介绍了文献的分类与检索、标准文献的类型特点和检索途径，详细说明了国内外食品标准文献的检索途径和方法，以及国内外食品法规文献的检索途径和方法。

【学习目标】

了解标准文献的类型特点和检索途径，熟悉国内外标准文献的分类体系与代号及其含义，掌握国内外食品标准与法规具体的检索途径和方法。

第一节　文献分类与检索

随着我国市场经济体制的完善和科技进步，新的法规和标准文献的数量也在迅猛增长。因此掌握文献分类与检索，跟踪国内外食品标准与法规的发展，是继承和发展科学技术、推动社会进步的不可缺少的条件之一，同时对建立完善食品标准和法规体系，有着十分重要的意义。

一、文献分类

GB/T 3792.1—2009《文献著录　第 1 部分：总则》和 GB/T 4894—2009《信息与文献术语》对"文献"下的定义是："文献（document）是记录有知识的一切载体"。现在认为文献是各种知识或信息载体的总称。

文献分类是指根据文献内容和形式的异同，按照一定的体系有系统地组织和区分文献。文献分类是以文献分类法为工具，根据文献所反映的学科知识和内容与其他显著属性，分门别类地、系统地组织与揭示文献的一种方法。根据文献的载体、表现形式和加工程度等，文献可分成许多类型。

（一）按文献载体划分

1. 印刷型

印刷型文献是指以纸张为存贮介质，以印刷为记录手段的一种文献形式。目前仍然是文献的一种主要形式，其优点是便于阅读，容易传播；缺点是占用的空间比较大，整理保存相对费力、费时。

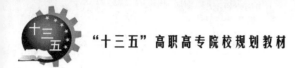

2. 缩微型

缩微型文献是指以感光材料为载体，以缩微照相为记录手段而产生的一种文献形式。主要包括缩分胶卷、缩分胶片等，其优点是体积小、成本低、存储密度大，节约空间，便于携带；缺点是不能直接进行阅读，必须在缩分阅读设备上进行。

3. 声响型

声响型文献是以磁性材料、光学材料为记录载体，利用专门的机械装置记录与显示声音和图像的文献，又称声像资料、视听资料、音像制品，如常见的有磁带、录像带等。其优点是直观、传播速度快、可以随时修改、有利于更新；缺点是需要特殊的设备和一定的技术条件，成本也比较高。

4. 机读型

机读型文献是指利用电子计算机可阅读的文献。它以磁性材料或感光材料为存储介质，采用计算机技术和磁性存储技术，把文字或图像信息记录在磁带、磁盘、磁鼓等载体上，利用计算机及其通信网络即可阅读。机读型文献按其载体材料、存储技术和传递方式不同，可分为联机型文献、光盘型文献和网络型文献。

5. 电子型

电子型文献是指以数字代码方式将图、文、声、像等信息存储到磁、光、电介质上，通过计算机或类似设备阅读使用的文献。随着光盘的产生和广泛的应用，多媒体等现代信息技术的快速发展，传统的缩微型文献、声响型文献、机读型文献的许多优点已经都汇集到电子文献上。为此，一般将传统的缩微型文献、声响型文献、机读型文献统称为电子型文献。目前，电子型文献种类繁多、数量大、内容也丰富，如各种电子图书、电子期刊、联机数据库、网络数据库、网络新闻、光盘数据库等。电子型文献的特点是信息存储量大，出版周期短、易更新，传递信息迅速，存取方便、快速，信息共享性好，可以融文本、图像、声音等多媒体信息于一体。

（二）按文献形式划分

按文献的外在表现形式及编辑出版形式不同，可以把文献归结为 11 类，即图书、报刊、科技报告、会议文献、学术论文、标准资料、产品资料、科技档案、政府出版物、专利文献、网络文本等。

政府出版物指各国政府部门及其设立的专门机构出版的文献。政府出版物的内容十分广泛，既有科学技术方面的，也有社会经济方面的。就文件性质而言，政府出版物可分为行政性文件（国会的记录、政府法令、方针政策、规章制度及调查统计资料等）和科学技术文献两部分。

（三）按加工程度划分

人们在利用文献传递信息的过程中，为了及时报道和揭示文献、便于信息交流，对文献进行不同程度的加工。按加工程度分为零次文献、一次文献、二次文献和三次文献。从零次文献到一次文献、二次文献、三次文献都是人们为了方便地利用文献信息而对文献信息进行加工、整理、浓缩，使文献由分散到集中、由无序到有序化的结果。

1. 零次文献

零次文献是指非正式出版物或非正式渠道交流的文献，未公开于社会，只为个人或某一团体所用的原始文献，如文章草稿、私人笔迹、会议记录、未经发表的名人手迹等。

2. 一次文献

一次文献是指一切作者以本人的研究成果为基本素材而创作的原始文献。包括论文、译文、译文专著、报纸、报告、产品样本、学位论文、专利文献、标准文献、档案等公开发表的文献类型，也包括日记、内部报告、技术档案、信件等不公开发表的文献类型。

3. 二次文献

二次文献又称检索型文献源，是对一次文献源进行外部特征（如提名、作者、文献物理特征）和内部特征的分析、提取、整理而形成的文献形式。一般包括目录、题录、文摘、搜索引擎等。

4. 三次文献

三次文献是在充分利用二次文献的基础上，对一次文献的情报内容进行综合分析、重新组织、浓缩提炼和加工整理，编写出更系统、更精练的工具书或综合资料，是广泛选用一次文献的内容而编辑的深加工成果。一般包括各种述评、综述或进展性出版物以及文献指南或数目指南等。

二、文献检索

文献检索（document retrieval）是指根据学习和工作的需要获取文献的过程。按照文献储存与检索采用的设备手段，文献检索分为手工检索和计算机检索两种。

（一）手工检索

手工信息检索是在电子数据库及因特网出现以前进行文献信息检索的主要检索工具，主要包括书本式和卡片式两种。

1. 书本式检索

书本式检索系统是以图书或连续出版物形式出现的，人们用来查找各种信息的检索工具，如《标准目录》、《报刊索引》等。书本式检索系统是最早形成的信息检索系统，其编制原理是现代计算机检索系统产生的基础。

2. 卡片式检索

卡片式检索系统是将各种文献信息的检索特征记录在卡片上并按照一定的规则进行排序的供人们查找的检索工具。随着计算机技术在图书馆管理中的应用，卡片式检索系统正在逐渐被计算机目录所取代。

（二）计算机检索

计算机检索是指人们在计算机检索网络或终端上，使用特定的检索指令、检索词和检索策略，从计算机检索系统的数据库中检索出所需要的信息，然后再由终端设备显示和打印的过程。计算机检索不仅能够跨越距离和时空，还能在短时间内快速、准确查阅大量的信息。根据其内容的不同，计算机检索分为光盘检索、联机检索和网络检索三种。

1. 光盘检索

光盘检索是以大容量的光盘存储器为数据库的存储介质，利用计算机和光盘驱动器进行读取和检索光盘上的数据信息，其只能满足较小范围的特定用户的检索要求。

2. 联机检索

联机检索是由大型计算机联网系统、数据库、检索终端及通信设备组成的系统，能满足较大范围的特定用户的检索要求。

3. 网络检索

网络检索包括局域网检索系统（如图书馆检索系统）和广域网络 Internet 检索系统。尤其是广域网络 Internet 检索系统，可以支持因特网用户的检索要求。

第二节　标准文献分类与检索

一、标准文献分类

标准文献是指一切与标准化有关的文献，包括单行本的标准、标准汇编、标准目录、标准年鉴、标准分类法等。标准文献的分类有国际标准文献分类体系和国内标准文献分类体系。

（一）标准文献分类

1. 国际标准文献分类

国际标准文献分类法（international classification for standard，ICS）。ICS 是指由国际标准化组织编制的，主要用于国际标准、区域性标准和国家标准以及其他标准文献的分类。国际标准文献分类法的应用，有利于标准文献分类的协调统一，促进国际、区域和国家间标准文献的交换和传播。

国际标准文献的分类采用数字分类法，是由国际标准化组织编制的，主要用于国际标准、区域性标准和国家标准以及其他标准文献的分类。

国际标准文献分类法（ICS）采用三级分类。

第一级由 41 个大类组成；

第二级为 387 个类目；

第三级为789个小类目。

国际标准文献分类法（ICS）采用数字编号。

第一级采用两位阿拉伯数字表示；

第二级采用三位阿拉伯数字表示；

第三级采用两位阿拉伯数字表示。

各级类目之间用下脚点"."相隔。

例如：67　食品技术；

    67.220　香辛料和调味品，食品添加剂；

    67.220.10　香辛料和调味品；

    67.220.20　食品添加剂（包括盐、醋、食品防腐剂等）。

2. 国内标准文献分类

中国标准文献分类法（chinese classification for standards，CCS）。其分类体系是以专业划分为主，由一级类目和二级类目组成。一级类目的类号用除 I 和 O 以外的一位大写英文字母表示，二级类目的类号是在一级类目后加两位阿拉伯数字表示。如：G 25。

我国标准文献分为24个一级类目（以英文字母排序，I 和 O 除外），具体见表8-1。

表8-1　国内标准一级分类与代号

代号	一级类别	代号	一级类别	代号	一级类别
A	综合	J	机械	S	铁路
B	农业、林业	K	电工	T	车辆
C	医药、卫生、劳动保护	L	电子元件与信息技术	U	船舶
D	矿业	M	通信、广播	V	航空、航天
E	石油	N	仪器、仪表	W	纺织
F	能源、核技术	P	工程建设	X	食品
G	化工	Q	建材	Y	轻工、文化与生活用品
H	冶金	R	公路、水路运输	Z	环境保护

（二）标准代号

我国标准代号在《国家标准管理办法》《行业标准管理办法》《地方标准管理办法》和《企业标准化管理办法》中都有相应的规定，标准代号一般用两个大写汉语拼音字母表示。

国家标准代号为GB，推荐性国家标准代号为GB/T。如 GB 2760—2014《食品安全国家

标准 食品添加剂使用标准》。

行业标准代号由两个汉语拼音字母组成（如农业标准代号为 NY，环境保护标准代号为 HJ，商检标准代号为 SN），推荐性行业标准代号为行业标准代号/T。如 SN/T 1887—2007《进出口辐照食品良好辐照规范》。主要的行业标准代号见表 8 – 2。

表 8 – 2 行业标准代号

序号	标准代号	标准类别	批准发布部门	序号	标准代号	标准类别	批准发布部门
1	AQ	安全生产	国家安全生产监督管理总局	13	WM	外经贸	商务部
2	BB	包装	国家发展和改革委员会	14	WS	卫生	卫生部
3	DZ	地质矿产	国土资源部	15	NY	农业	农业部
4	GA	公共安全	公安部	16	QB	轻工	国家发展和改革委员会
5	GH	供销	中华全国供销合作总社	17	SB	商业	国家发展和改革委员会
6	HG	化工	国家发展和改革委员会	18	SC	水产	农业部
7	HJ	环境保护	国家环境保护总局	19	WB	物资管理	国家发展和改革委员会
8	HS	海关	海关总署	20	YC	烟草	国家烟草专卖局
9	HY	海洋	国家海洋局	21	YY	医药	国家食品药品监督管理局
10	JB	机械	国家发展和改革委员会	22	LY	林业	国家林业局
11	LS	粮食	国家粮食局	23	ZY	中医药	国家中医管理局
12	LD	劳动和劳动安全	人力资源和社会保障部	24	SN	商检	国家质量监督检验检疫总局

地方标准代号由 DB 和省、自治区、直辖市行政区代码前两位数字组成，推荐性地方标准代号为 DB/T。如 DB37/T 2658.17—2015《鲁菜 面点 潍坊和乐》。

食品安全地方标准由 DBS 和省、自治区、直辖市行政区代码前两位数字组成，如 DBS45/034 – 2016《食品安全地方标准 柳州螺蛳粉》。

团体标准代号为 T/社会团体代号 + 标准顺序号 + 年代号，如中国生物发酵产业协会团体标准代号 T/CBFIA 08001—2016《酵素产品分类导则》。

企业标准代号为 Q/企业代号，如 Q/SDWW 0003 S—2015《山东旺旺食品有限公司 果蔬汁饮料》。

标准编号的规则：标准代号 + 发布顺序号 + 发布年代号（年代用四位阿拉伯数字表示）。如 GB 2760—2014《食品安全国家标准 食品添加剂使用标准》，GSB 11—2450—2015《松果菊苷标准样品》。

（三）标准文献特点

标准文献是按照规定的程序编制，并经过一个公认的权威机构批准的技术文件，是在一定范围内多次使用，并在特定的活动领域必须严格执行的规格、定额、规划、要求的技术文件。因此，标准文献除具有一般文献的属性和作用之外，还具有其自身的显著特点。

1. 统一性

标准文献具有明确的使用范围和用途，在制定时具有统一的产生过程、统一的编制格式和叙述方法，体现其统一性。

2. 科学性

标准文献产生的基础是科学研究成就、技术进步成果与实践先进经验相结合，是在对科学、技术和经验加以分析、比较、综合和验证的基础上形成的规范性文件，因此具有科学性。

3. 法律性

标准文献是经过一个公认的权威机构或授权单位批准并审查通过的标准，具有一定的法律约束性。

4. 时效性

标准具有一定的标龄，一般是 3 ~ 5 年。标准制定后，会随着经济的发展和科技的进步而不断进行补充、修订或废止。因此标准文献也要不断的更新，过时标准便不再发挥其应有的作用和效力，体现其时效性。

5. 检索性

由于标准文献具有标准级别、名称、唯一的标准代号、标准提出单位、审批单位、批准实施时间和具体内容等，这些都为标准文献提供了各种检索内容，因此标准文献具有检索性。

二、标准文献检索

（一）国内标准文献检索

1. 手工检索

国内标准文献的手工检索主要有分类检索、标准号检索和主题词检索三种途径。

（1）分类检索

分类检索途径是按学科、专业体系查找的方法，常用工具有"分类目录"和"分类索引"等。目前，国内常用的分类法是中国标准分类法（简称 CCS），其检索步骤是：

利用《中国标准文献分类法》确定一级类目类号→查标准目录→得有关的标准号→根据标准号查《中国国家标准汇编》→索取原文。

（2）标准号检索

标准号检索是根据标准的序号进行查找的方法，有现行标准号和作废标准号等，是最常用、最快、最方便的检索方法。其检索步骤是：

确定标准号→查《中国国家标准汇编》目次表→得该标准在《中国国家标准汇编》正文中的页码→索取原文。

（3）主题词检索

主题检索是根据叙词、标题词、单元词、关键词等进行查找的方法。其检索步骤是：

主题词→查《中国标准文献分类法》确定一级类目类号→查标准目录→得有关的标准号→根据标准号查《中国国家标准汇编》→索取原文。

2. 网络检索

利用网络搜索引擎找到中国有关"标准网""质量网"中的标准文献信息检索界面，通过网络查询方式，利用多种检索途径，获取相关标准文献的名称、标准号及标准全文等。

以中国标准信息网为例，其网络检索步骤是：登录中国标准信息网（http: // www. chinaios. com）→点击中国标准检索→输入标准编号/标准名称/标准级别（所有标准/国家标准/行业标准/地方标准）→点击查询即可。

（二）国外标准文献检索

1. 手工检索

国外标准文献的手工检索与国内标准文献的手工检索一样，其手工检索也主要为分类检索、标准号检索和主题词检索三种途径。

（1）分类检索

其检索步骤是：确定 TC 类号（即 ISO 的分类）→查 TC 目录→找到所需类目→选择切题的标准→按切题标准的标准号查原文→索取原文。

（2）标准号检索

其检索步骤是：确定标准号→查标准号目录→得 TC 类号→查 TC 目录→得标准名称→核对标准是否为现行有效标准→查作废目录。

（3）主题词检索

其检索步骤是：确定主题词→查得 TC 类号→查 TC 目录→得有关的标准号→根据标准号选择标准→索取原文。

2. 网络检索

目前，世界上许多国家都制定了标准，每个国家的标准都有其相应的检索工具。很多网站都可检索国外标准文献，主要网站见表 8-3。

通过网络检索国外标准文献的具体方法，以利用 ISO 国际标准数据库查询为例：ISO 国际标准数据库有基本检索、扩展检索和分类检索三种方式。

（1）基本检索

在 ISO 主页上部"Search"后的检索框内输入检索要求，然后点击"GO"按钮即可。

（2）分类检索

在 ISO 主页上部选项栏中最左侧的"ISO store"处单击进入该栏目，然后再点击

"search and buy standards"即进入分类检索的界面。此界面列出了ICS的全部类别，共97大类，之后可通过逐级点击分类号，最后即可检索出该类所有标准的名称和标准号，然后点击"标准号"，即看到该标准的题录信息和订购该标准全文的价格信息。

（3）扩展检索

单击ISO主页上部选项栏中"GO"右侧的"Extended Search"，即进入该检索的界面。界面的上部为"检索区"，在下部的两个区域内分别点击不同的选项，以限定检索范围和检索结果的排序，分为关键词检索和标准号检索。

表8-3　国外标准文献检索主要网站

序号	名　称	网　址
1	国际标准化组织（ISO）	http：//www.iso.org
2	（美国）国家标准与技术研究所系列数据库产品	http：//www.nist.gov
3	世界卫生组织（WHO）	http：//www.who.int/en
4	世界标准服务网（WSSN）	http：//www.wssn.net
5	国际食品法典委员会（CAC）	http：//www.codexalimentarius.net
6	英国标准学会出版物目录	http：//www.bsigroup.com
7	德国标准协会	http：//www.din.de
8	美国国家标准系统网络	https：//www.nssn.org
9	加拿大标准委员会	http：//www.scc.ca
10	新西兰标准组织（Standards New Zealand）	http：//www.standards.co.nz
11	马来西亚标准和工业研究所	http：//www.sirim.my
12	爱尔兰国家标准局	http：//www.nsai.ie
13	日本工业标准调查会	http：//www.jisc.go.jp

第三节　食品标准与法规文献检索

一、食品标准文献检索

（一）检索工具

1. 国内食品标准文献检索

国内食品标准文献的检索工具主要有三种：工具书、网站和其他。

（1）主要工具书

①《中华人民共和国国家标准和行业标准目录》

收录截至当年年底公开发布的国家标准和部标准，同时列有最近一年代替的标准号，采用分类号和顺序号两种形式编排。

②《中华人民共和国国家标准目录》

由国家质量监督检验检疫总局编，中国标准出版社出版。收录截至上年度批准发布的全部现行国家标准，正文按《中国标准文献分类法》进行编排，正文后附顺序号索引，是查阅国家标准的重要检索工具。

③《中国标准化年鉴》

由中华人民共和国国家标准局编，中国标准出版社出版。主要介绍我国标准化的基本情况和成就，主要内容是以《中国标准文献分类法》分类编排的国家标准目录，最后附有以顺序号编排的国家标准索引。

④《中国国家标准汇编》

由中国标准出版社出版，该汇编从1983年起分若干分册陆续出版，目前已出版280多个分册。收集全部现行国家标准，按国家标准顺序号编排，顺序号空缺处，除特殊注明外，均为作废标准号或空号。

⑤《中国标准化》

由中国标准化协会编辑出版，刊载新发布的和新批准的国家标准、行业标准和地方标准。收录标准号、标准名称和代替的标准号以及发布时间、实施时间。

⑥《中华人民共和国国家标准目录及信息总汇》

内容包括四部分：国家标准专业分类目录（中、英文）；被废止的国家标准目录；被替代国家标准与对应标准对照目录；国家标准修改、更正、勘误通知以及索引。国家标准目录信息已建立计算机数据库，可进行实时维护和管理。

⑦《中华人民共和国行业标准目录》

该校准目录汇集农业、医药、粮食等60多个行业的标准，是检索行业标准的常用工具。

⑧《标准新书目》

由中国标准化协会主办，为月刊。主要提供标准图书的出版发行信息，是国内最齐全的一份标准图书目录。

⑨《中国食品工业标准汇编》

由中国标准出版社陆续出版，是我国食品标准方面的一套大型丛书，按行业分类分别立卷，是查阅食品标准的重要检索工具。主要包括食品术语标准卷、焙烤食品、糖制品及相关食品卷、发酵制品卷、乳制品和婴幼儿食品卷等。

⑩《食品卫生标准汇编》

由中国标准出版社发行，共出版了六册，是从事食品卫生、食品加工、食品科研等工作者必备的工具书。

（2）主要网站

标准网，http：//www.standardcn.com；

中国标准信息网，http：//www.chinaios.com；

中国标准咨询网，http：//www. chinastandard. com. cn；

中国标准服务网，http：//www. cssn. net. cn；

国家标准化管理委员会，http：//www. sac. gov. cn；

国家质量技术监督检验检疫总局，http：//www. aqsiq. gov. cn；

国家食品药品监督管理局，http：//www. sfda. gov. cn；

万方数据，http：//www. wanfangdata. com. cn；

中国农业质量标准网，http：//www. caqs. gov. cn；

中国食品网，http：//www. cnfoodnet. com；

国家食品安全风险评估中心，http：//www. chinafoodsafety. net；

中国食品监督网，http：//www. cnfdn. com；

中国质检出版社，http：//www. spc. net. cn。

（3）其他

中国标准出版社读者服务部、各省市自治区的标准化研究院均设有专门的标准查询检索服务，可快速检索到需要的食品标准文献，通常这些都是要收费的。

2. 国外食品标准文献检索

目前，世界上至少有50多个国家制定标准，其中有强制性标准和推荐性标准，每个国家的标准都有其相应的检索工具。

（1）主要工具书

①《国际标准化组织标准目录》（ISO Catalogue）

该目录是 ISO 标准的主要检索工具，为年刊，每年2月出版，英法文对照，报道截至上年12月底的全部现行标准。该目录有主题索引、分类目录、标准序号索引、作废标准、国际十进制分类号（UCD）－ISO 技术委员会（TC）序号对照表五个部分组成。

ISO 标准编号规则为：代号序号：年代标准名称。如 ISO 1079：1989 金属材料、硬度试验机。

②世界卫生组织标准出版物

世界卫生组织（WHO）标准出版物是 WHO 标准的主要检索工具，WHO 标准出版物主要是《世界卫生组织出版物目录》（Catalogue of WHO Publication）、《世界卫生组织公报》（Buletin of WHO）、《国际卫生规则》（International Digest of Health Legislation）、《国际健康法规选编》（International Digest Health Legislation）等，食品添加剂和农药残留日允许摄入量、国际饮用水标准等标准均可在此查询到。

③联合国粮农组织出版物

联合国粮农组织（FAO）出版物是 FAO 标准的主要检索工具。FAO 标准出版物主要是《联合国粮农组织在版书目》（FAO Book in Print）、《联合国粮农组织会议报告》（FAO Meeting Reports）、《食品和农业法规》（Food and Agricultural Legislation）。

1962年，由联合国粮农组织（FAO）和世界卫生组织（WHO）联合成立的"国际食品法典委员会（Codex Alimentarius Commission，CAC）"专门审议通过国际食品标准。

④《美国国家标准目录》（Catalogue of American National Standards）

由企业（公司）、联邦政府机构和非联邦政府机构如各类专业协会和学会以及政府其他部门制定，由美国国家标准学会（American National Standards Institute，ANSI）各个专业委员会审核后提升为国家标准。

《美国国家标准目录》由三部分组成：主题索引，按产品名称字母顺序列出标准，其后列出美国国家标准号；分类索引，为 ANSI 制定的标准的分类索引；序号索引，为经 ANSI 采用的各专业标准的序号索引。

⑤《法国国家标准目录》（AFNOR Catalogue）

法国标准化协会（AFNOR）是一个公益性民间团体，也是一个政府认可的国家服务组织。它接受标准化专署领导，负责标准的制定、修订等工作。《法国国家标准目录》主要由分类目录、主题索引、作废标准一览表三部分组成，可按分类、主题、标准号检索所需的标准文献。

⑥《英国标准年鉴》（BS）和《英国标准目录》（中译本）

英国标准学会（BSI）是世界上最早的全国性标准化机构，制定和修订英国标准，并促进其贯彻执行。

⑦《日本工业标准目录》（JIS 总目录/JIS Yearbook 英文版）

日本工业标准（JIS）是日本国家标准，由日本工业标准调查委员会制定，由日本标准化协会发行。日本标准检索工具还有《日本工业标准年鉴》。

⑧《德国技术规程目录》

德国标准是由德国标准化学会制定的，为德国统一的标准。《德国技术规程目录》每年出版一次，德、英文对照。德国标准化学会是德国标准化主管机关，作为全国标准化机构参加国际和地域的非政府性标准化机构工作。

（2）主要网站

国外食品标准文献检索除用以上检索工具外，还可到相应的网站检索所需要的标准文献。检索国外食品标准文献的主要相关网站见表 8 - 3。

（二）检索方法

1. 手工检索

选择合适的检索工具书，利用手工检索方法找到所需的国内外食品标准文献。具体检索方法详见"标准文献的检索途径与方法"中所列。

2. 网络检索

通过 Internet 进行食品标准文献的检索是比较方便快捷的一种检索方法，在前面所列举的主要相关网站可以查询国内外食品标准文献，具体的检索方法前面已举例列出，在此不再做详细介绍。

二、食品法规文献检索

（一）检索工具

1. 国内食品法规文献检索

（1）主要工具书

①《中华人民共和国食品监督管理实用法规手册》

由国务院法制办工交司和国家质量监督检验检疫总局监督司审定，中国食品工业协会编辑。本手册将食品监督管理的重要现行法规、有效的法律、法规和规章汇编成册，其内容包括食品监督管理法规、国务院部门规章和文件、地方性法规和地方政府规章。该手册是各级政府食品监督管理部门、质量技术检测机构、食品生产经营企业等必备的实用法规工具书。

②《中华人民共和国法规汇编》

由中国法制出版社出版，国务院法制办公室编辑。本汇编是国家出版的法律、行政法规汇编正式版本，每年一册，收集当年全国人大及其常务委员会通过的法律和有关法律问题的决定、国务院公布的行政法规和法规性文件，以及国务院部门公布的规章。汇编按宪法类、民法类、商法类、行政法类、经济法类、社会法类、刑法类分类，每大类下按内容设二级类目。类目排列顺序为法律、行政法规、法规性文件和部门规章，各类目具体内容又按时间先后排列。

③《中华人民共和国新法规汇编》

该汇编是国家出版的法律、行政法规汇编正式版本，是刊登报国务院备案的部门规章的指定出版物。本汇编收集内容按法律、行政法律、法规性文件和国务院部门规章司法解释的分类顺序来编排，每类中按公布时间顺序排列。报国务院备案的地方性法规和地方政府规章目录按 1987 年国务院批准的行政区划顺序排列，同一行政区域报备案的两件以上者，按公布时间排列。本汇编每年出版 12 辑，每月出版一辑。

④《中华人民共和国国家质量监督检验检疫总局公告》

由国家质量监督检验检疫总局编，属于政府部门出版的政报类期刊。主要刊载全国人大或全国人大常委会通过的与质量技术监督相关的行政法规以及决定和命令等规范性文件；国家质量监督检验检疫总局发布的局长令、决定和重要文件，以及与质量技术监督相关的地方性法规、地方政府规章；质量技术监督重要行政审批公告等。它将为政府机关、广大企事业单位和社会各界提供政策法规。

⑤《食品法律法规文件汇编》

由全国人大常委会法制工作委员会主编，收集了 20 世纪 80 年代以后我国的食品法律法规和文件。该汇编共分三个部分：第一部分为法律；第二部分为法规；第三部分为规章，均按照中华人民共和国法律法规体系内的法律、行政法规和规章三个层次进行分类编辑，并按发布的时间顺序编排。其内容全面而广泛，是为食品的立法工作者、行政和司法工作者、食品法规的研究者、法制宣传教育工作者以及从事食品的生产经营人员、卫生检疫人员、进出口贸易人员和质量与安全监督检验人员等的一部可靠的参考工具书。

（2）主要网站

除上述检索工具可以查询国内食品法规文献外，还可以通过以下网站进行国内食品法规检索。主要网站见表8-4。

表8-4　国内食品法规检索主要网站

序号	名　称	网　址
1	中华人民共和国中央人民政府网	http：//www. gov. cn
2	中国食品网	http：//www. cnfoodnet. com
3	中国食品安全网	http：//www. spaqw. cn
4	中国标准咨询网	http：//www. chinastandard. com. cn
5	中国标准服务网	http：//www. cssn. net. cn
6	中国标准网	http：//www. zgbzw. com
7	中国质量信息网	http：//www. cqi. net. cn
8	中国食品监督网	http：//www. cnfdn. com
9	食品伙伴网	http：//www. foodmate. net
10	中国食品商务网	http：//www. foodprc. com
11	万方数据库	http：//www. wanfangdata. com. cn
12	中国资讯行数据库	http：//www. bjinfobank. com

2. 国外食品法规文献检索

（1）主要工具书

国外食品法规文献检索的主要工具书有《欧盟法规目录》《FDA 食品法规》和《最新国内外食品管理制度规范与政策法规实用手册》。

①《欧盟法规目录》

由中国标准研究中心标准馆编，中国标准出版社出版。该目录收集、翻译和分类整理了各类欧盟条例、指令、决定、意见和建议等法规题录，是一部有实用价值的检索工具。中国标准研究中心标准馆馆藏书中有涉及的全部法规，并可获得原文。

②《FDA 食品法规》

FDA（美国食品与药物管理局）是国际上公认的最主要和最有影响的食品法规机构，负责国产和进口食品、化妆品、药物等产品的安全。FDA 法规对食品及食品配料（食品添加剂）、加工工艺、杀菌设备、成品质量、检验方法以及进出口贸易的各个环节都有详细的规定，世界上许多国家在实施食品及食品配料国际贸易和国内管理上都借鉴此法规。

③《最新国内外食品管理制度规范与政策法规实用手册》

该手册刊登国内外有关食品的技术规范和政策法规，是国内外食品法规检索的重要工具。

（2）主要网站

除上述检索工具可以查询国外食品法规文献外，还可以通过以下主要网站进行国外食品法规检索：

欧洲标准化委员会（CEN），http：//www. cen. eu；

欧洲电工标准化委员会（CENELEC），http：//www. cenelec. eu；

欧洲电信标准协会（ETSI），http：//www. etsi. org。

（二）检索方法

1. 手工检索

选择合适的检索工具如《中华人民共和国食品监督管理实用法规手册》《中华人民共和国新法规汇编》和《欧盟法规汇编》等工具书，利用手工检索方法查询相关的食品法规。

2. 网络检索

通过 Internet 进行食品法律法规的检索是比较方便快捷的一种检索方法，在前面所列举的主要相关网站，可以查询国内外及各地地方有关的食品法规，具体检索方法可登录相关专业网站，然后点击政策法规等相关信息系统并根据提示逐级进行查询，最终检索到所需要的食品法规。

 复习思考题

1. 简述标准文献的类型。
2. 标准文献的特点是什么？
3. 国内标准文献的检索途径与方法有哪些？
4. 食品法规的检索工具有哪些？

第八章　食品标准与法规文献检索

复习思考题答案

第一章

1. 标准、标准化、法规和技术法规的概念是什么？

答：标准是为了在一定的范围内获得最佳秩序，经协商一致制定并由公认机构批准，共同使用和重复使用的一种规范性文件。

标准化是指为了在一定范围内获得最佳秩序，对现实问题或潜在问题制定共同使用和重复使用的条款的活动。活动主要包括编制、发布及实施标准的过程。

法规是由权力机构通过的有约束力的法律性文件。如《中华人民共和国食品安全法》《山东省食品安全条例》。

技术法规是规定技术要求的法规，它或者直接规定技术要求，或者通过引用标准、技术规范或规程来规定技术要求，或者将标准、技术规范或规程的内容纳入法规中。

2. 标准的作用是什么？

答：标准的作用：（1）现代化大生产的必要条件；（2）科学管理的基础；（3）调整产品结构和产业结构的需要；（4）扩大市场的必要手段；（5）促进科学技术转化成生产力的平台；（6）推动贸易发展的桥梁和纽带；（7）提高质量和保护安全。

3. 法规的作用是什么？

答：法规的作用：（1）明示作用；（2）预防作用；（3）校正作用；（4）扭转社会风气、净化人们的心灵、净化社会环境的社会性效益作用。

4. 标准与法规的区别是什么？

法规是由国家立法机构发布的规范性文件，标准是由公认机构发布的规范性文件。

法规具有强制性，所涉及的人员有义务执行法规的要求；而标准的发布机构没有立法权，所以标准只能是自愿性的，供有关人员自愿采用。

标准涉及的是技术问题，为了保护人类健康、安全等目的，法规中也常常涉及技术问题，通常这类法规叫技术法规（Technical regulation）。技术法规常常引用标准。

第二章

1. 标准是如何分类的？

答：按标准制定参与者的不同层次及其相应的适用范围划分为：国际标准、区域标准、国家标准、行业标准、地方标准、团体标准、企业标准。

按标准实施的约束力划分为：强制性标准、推荐性标准、国家标准化指导性技术文件。

2. 标准编写的原则是什么?

答:(1)政策性　标准编写的内容必须符合我国现行的相关政策和法律法规。(2)统一性　标准编写时,表达方式始终要统一;同一标准中的名词、术语、符号、代号要前后统一;相关标准中的名词、术语、符号、代号也要统一。(3)协调性　主要是针对标准之间,以及标准与法规之间协调一致。(4)适用性　是指一个标准在特定条件下适合于规定用途的能力。包含两方面的含义:一是标准的内容要有可操作性,二是标准的内容要易于被其他文件所引用。(5)一致性　当编制的标准采用国际标准或国外先进标准时,应尽可能保持与国际文件一致,同时还应标明一致性程度。(6)规范性　标准的编写从起草工作开始到随后的所有程序均应遵守 GB/T 1.1—2009《标准化工作导则　第 1 部分:标准的结构和编写》的规定;根据编写标准的具体情况,还应遵守 GB/T 20000《标准化工作指南》、GB/T 20001《标准编写规则》和 GB/T 20002《标准中特定内容的起草》相应部分的规定。

3. 国家标准制定的程序是什么?

答:我国国家标准制定程序分为 9 个阶段,即预备阶段、立项阶段、起草阶段、征求意见阶段、审查阶段、批准阶段、出版阶段、复审阶段、废止阶段。同时为适应经济的快速发展,缩短制定周期,除正常的标准制定程序外,还可采用快速程序。

4. 企业标准制定的程序是什么?

答:企业标准制定的程序是调查研究、收集资料;起草标准草案;形成标准送审稿;审查标准;编制标准报批稿;批准与发布。

第三章

1. 什么是食品基础标准?

答:食品的基础标准指在一定范围内作为其他标准的基础普遍使用,并具有广泛指导意义的标准,它规定了各种标准中最基本的共同的要求。

2. 什么是食品产品标准?

答:食品产品标准是指为了保证食品的食用价值,对食品必须达到的某些或全部要求所做的规定。食品产品标准的主要内容包括产品分类、技术要求、试验方法、检验规则以及标签与标志、包装、储存、运输等方面的要求。

3. 什么是食品安全标准?

食品安全标准是指为了对食品生产、加工、流通和消费(即"从农田到餐桌")食品链全过程中,影响食品安全和质量的各种要素以及各关键环节进行控制和管理,经协商一致制定并由公认机构批准,共同使用和重复使用的一种规范性文件。

4. 什么是食品检验方法标准?

答:食品检验方法标准是对食品的质量要素进行测定、试验、计量所作的统一规定。在食品质量安全标准中所规定的每个项目,为保证检验结果对评价食品安全质量有可比性、准确性、统一性和权威性,使之具有科学的评价意义,都必须规定统一的检验方法和条件。

5. 什么是食品添加剂？

答：食品添加剂是指为了改善食品品质、色、香、味，以及为了防腐和加工工艺的需要而加入食品中的化学合成或者天然物质。食品添加剂标准规定了食品添加剂的使用原则、允许使用的食品添加剂品种、使用范围及最大使用量或残留量的限制。

第四章

1. 什么是法？法有哪些特征？

答：法是由国家制定和认可的，体现统治阶级意志、以权利和义务为主要内容、以程序为标志、以国家强制力为主要保障、具有普遍性的社会规范。

法的特征有：规范性、意志性、强制性、普遍性、程序性。

2. 食品安全法的主要内容是什么？

答：食品安全法共分10章104条，内容包括：总则、食品安全风险监测和评估、食品安全标准、食品生产经营、食品检验、食品进出口、食品安全事故处置、监督管理、法律责任、附则。主要集中在8个方面，包括：地方政府及其有关部门的监管职责、食品安全风险监测和评估、食品安全标准、对食品加工小作坊和摊贩的管理、食品添加剂的监管、食品召回制度、食品检验和食品安全事故处置等。

3. 标准化法的主要内容是什么？

答：标准化法分为5章26条，内容包括：总则、标准的制定、标准的实施、法律责任和附则。其主要内容是：确定了标准体制和标准化管理体制，规定了制定标准的对象与原则以及实施标准的要求，明确了违法行为的法律责任和处罚办法。

4. 产品质量法的主要内容是什么？

答：产品质量法共分6章74条，内容包括：总则、产品质量的监督、生产者、销售者的产品质量责任和义务、损害赔偿、罚则、附则。

5. 农产品质量安全法的主要内容是什么？

答：农产品质量安全法共8章56条。内容包括：总则、农产品质量安全标准、农产品产地、农产品生产、农产品包装和标识、监督检查、法律责任、附则。

第五章

1. 什么是国际标准？

答：国际标准是指国际标准化组织（ISO）、国际电工委员会（IEC）和国际电信联盟（ITU）制定的标准，以及国际标准化组织确认并公布的其他国际组织制定的标准。

2. 国际标准有什么作用？

答：国际标准在协调国际贸易、消除贸易技术壁垒等方面发挥重要作用，是解决国际贸易争端的参考依据。

3. 采用国际标准的原则是什么？

答：我国采用国际标准的原则是：（1）采用国际标准，应当符合我国有关法律、法规，遵循国际惯例，做到技术先进、经济合理、安全可靠。（2）制定（包括修订）我国标准应当以相应国际标准（包括即将制定完成的国际标准）为基础。（3）采用国际标准时，应当尽可能等同采用国际标准。（4）我国的一个标准应当尽可能对应采用一个国际标准。（5）采用国际标准制定我国标准，应当尽可能与相应国际标准的制定同步，并可以采用标准制定的快速程序。（6）采用国际标准，应当同我国的技术引进、企业的技术改造、新产品开发、老产品改进相结合。（7）采用国际标准的我国标准的制定、审批、编号、发布、出版、组织实施和监督，同我国其他标准一样，按我国有关法律、法规和规章规定执行。（8）企业为了提高产品质量和技术水平，提高产品在国际市场上的竞争力，对于贸易需要的产品标准，如果没有相应的国际标准或者国际标准不适用时，可以采用国外先进标准。

4. 采用国际标准的方法是什么？

答：（1）翻译法。（2）重新起草法。

第六章

1. 什么是食品生产和经营许可管理？

答：食品生产和经营许可管理是为保证食品的质量安全，只有具备规定条件的生产者才允许进行生产经营活动、具备规定条件的食品才允许生产销售的政府行政许可制度。

2. 什么是食品风险分级管理？

答：食品风险分级管理是指食品药品监督管理部门以风险分析为基础，结合食品生产经营者的食品类别、经营业态及生产经营规模、食品安全管理能力和监督管理记录情况，按照风险评价指标，划分食品生产经营者风险等级，并结合当地监管资源和监管能力，对食品生产经营者实施的不同程度的监督管理。

3. 什么是食品市场准入制度？

答：食品市场准入制度也称食品质量安全市场准入制度，是指为保证食品的质量安全，具备规定条件的生产者才允许进行生产经营活动、具备规定条件的食品才允许生产销售的监管制度。因此，实行食品质量安全市场准入制度是一种政府行为，是一项行政许可制度。

4. 食品市场准入制度包括哪些具体制度？

答：食品市场准入制度包括三项具体制度：生产许可制度、强制检验制度和市场准入标识制度。

5. 什么是食用农产品合格证？

答：食用农产品合格证是指食用农产品生产经营者，对所生产经营食用农产品自行开具的质量安全合格标识。

6. 什么是市场准入负面清单制度？

答：市场准入负面清单制度是指国务院以清单方式明确列出在中华人民共和国境内禁止和限制投资经营的行业、领域、业务等，各级政府依法采取相应管理措施的一系列制度安排。市场准入负面清单包括禁止准入类和限制准入类。对市场准入负面清单以外的行业、领域、业务等，各类市场主体皆可依法平等进入。

第七章

1. 什么是食品认证？

答：食品认证（food certification）是指由认证机构证明食品原材料、生产、贮藏和销售过程中符合相关技术规范、相关技术规范的强制性要求或者标准的合格评定活动。

2. 什么是无公害农产品？

答：无公害农产品（pollution - free agricultural products）是指产地环境、生产过程、产品质量符合国家有关标准和规范的要求，经认证合格获得认证证书并允许使用无公害农产品标志的未经加工或初加工的食用农产品。

3. 什么是绿色食品？

答：绿色食品（green food）是指产自优良生态环境、按照绿色食品标准生产、实行全程质量控制并获得绿色食品标志使用权的安全、优质食用农产品及相关产品。

4. 什么是有机产品？

答：有机产品（organnic products）是指生产、加工和销售符合中国有机产品国家标准的供人类消费、动物食用的产品。

5. 什么是地理标志产品？

答：地理标志产品（geographical indication products）是指产自特定地域，所具有的质量、声誉或其他特性本质上取决于该产地的自然因素和人文因素，经审核批准以地理名称进行命名的产品。地理标志产品包括：来自本地区的种植、养殖产品；原材料全部来自本地区或部分来自其他地区，并在本地区按照特定工艺生产和加工的产品。

第八章

1. 简述标准文献的类型。

答：标准文献的类型：按照标准制定的主体或适用范围，标准文献可以划分为：国际标准、区域标准、国家标准、行业标准、地方标准和企业标准。

2. 标准文献的特点是什么？

答：标准文献的特点：具有统一性、具有科学性、具有法律性、具有时效性、具有检索性。

3. 国内标准文献的检索途径与方法有哪些？

答：（1）通过手工检索

国内标准文献的手工检索途径主要有分类、标准号和主题词三种途径。分类途径：利用《中国标准文献分类法》确定一级类目类号→查标准目录→得有关的标准号→根据标准号查《中国国家标准汇编》→索取原文；标准号途径：确定标准号→查《中国国家标准汇编》目次表→得该标准在《中国国家标准汇编》正文中的页码→索取原文；主题词途径：主题词→查《中国标准文献分类法》确定一级类目类号→查标准目录→得有关的标准号→根据标准号查《中国国家标准汇编》→索取原文。

（2）通过网络检索

有许多网站均可检索国内标准文献。可检索国内标准文献的主要网站有：标准网（http：//www. standardcn. com）、中国标准咨询网（http：//www. chinastandard. com. cn）、万方数据（http：//www. wanfangdata. com. cn）、国家标准化管理委员会（http：//www. sac. gov. cn）、国家质量技术监督检验检疫总局（http：//www. aqsiq. gov. cn）等网站。

4. 食品法规的检索工具有哪些？

答：国内外食品法规的检索工具主要有以下几种：《中华人民共和国食品监督管理实用法规手册》《中华人民共和国法规汇编》《中华人民共和国新法规汇编》《中华人民共和国国家质量监督检验检疫总局公告》《食品卫生法配套规定》《欧洲共同体法规目录》《最新国内外食品管理制度规范与政策法规实用手册》和专业网站工具查询。

参 考 文 献

［1］李春田．标准化概论［M］．北京：中国人民大学出版社，2010．

［2］王世平．食品标准与法规［M］．北京：科学出版社，2010．

［3］彭珊珊，朱定和．食品标准与法规［M］．北京：中国轻工业出版社，2011．

［4］吴澎，赵丽芹，张森．食品法律法规与标准（第二版）［M］．北京：化学工业出版社，2015．

［5］张水华，余以刚．食品标准与法规［M］．北京：中国轻工业出版社，2010．

［6］吴晓彤，王尔茂．食品法律法规与标准［M］．北京：科学出版社，2010．

［7］钱志伟．食品标准与法规（第二版）［M］．北京：中国农业出版社，2011．

［8］蔡花真，张德广．食品安全与质量控制［M］．北京：化学工业出版社，2008．

［9］赖茂生，徐克敏．科技文献检索［M］．北京：北京大学出版社，2009．

［10］马丽卿，王云善，付丽．食品安全法规与标准［M］．北京：化学工业出版社，2009．

［11］周才琼．食品标准与法规［M］．北京：中国农业大学出版社，2009．

［12］蔡健，徐秀银．食品标准与法规（第二版）［M］．北京：中国农业大学出版社，2015．

［13］江汉湖．食品安全性与质量控制［M］．北京：中国轻工业出版社，2002．

［14］张建新，陈宗道．食品标准与法规［M］．北京：中国轻工业出版社，2007．

［15］吴晓彤．食品法律法规与标准［M］．北京：科学出版社，2005．

［16］艾志录，鲁茂林．食品标准与法规［M］．南京：东南大学出版社，2006．

［17］杜相革．农产品安全生产技术［M］．北京：中国农业大学出版社，2008．

［18］武志杰，梁文举，姜勇．农产品安全生产原理与技术［M］．北京：中国农业科学技术出版社，2006．

［19］谭济才．绿色食品生产原理与技术［M］．北京：中国农业出版社，2005．

［20］马爱国．无公害农产品管理现技术［M］．北京：中国农业出版社，2006．

［21］张建新．食品标准与技术法规（第二版）［M］．北京：中国农业出版社，2014．

［22］张建新．食品质量安全技术标准法规应用指南［M］．北京：科学技术文献出版社，2004．

［23］李春田．标准化概论［M］．北京：中国人民大学出版社，2010．

［24］于华江．食品安全法［M］．北京：对外经济贸易大学出版社，2010．

［25］艾志录．食品标准与法规［M］．北京：科学出版社，2016.

［26］钱和，林琳，于瑞莲．食品安全法律法规与标准［M］．北京：化学工业出版社，2015.

［27］刘颖，杜宗绪．食品标准与法规［M］．北京：对外经济贸易大学出版社，2013.

［28］刘少伟，鲁茂林．食品标准与法律法规［M］．北京：中国纺织出版社，2013.

［29］胡秋辉．食品标准与法规（第二版）［M］．北京：中国质检出版社，2013.

［30］杨玉红．食品标准与法规［M］．北京：中国轻工业出版社，2014.

［31］杜宗绪．食品标准与法规［M］．北京：中国质检出版社，2012.